氣炸鍋零失敗 3

90道
溫控料理大晉級
炸煎烤烘・低溫烹調
& 油封・一鍋 2 菜
輕鬆煮

攝影・文／ JJ5 色廚・超馬先生・宿舍廚神

目錄。Content

Part1 點心 & 主食

・Dessert 點心

・Rice&Noodles 主食

Part2 肉類料理

・Poultry 雞鴨

・Meat 豬牛羊

目錄。Content

Part3 海鮮料理

・Fish 魚類

・Seafood 海鮮

Part4 蛋豆蔬食

・Egg&Tofu 蛋＆豆腐

・Vegetables 蔬菜

不同的氣炸溫度 挖掘在家下廚的趣味！

我家的飛利浦氣炸鍋就像一位極重要的戰友兼家庭成員。我們每天一起反覆實驗，找出每道菜式的最佳效果。對氣炸鍋的了解愈來愈深，開始揭開某些鮮為人知的「個性」……

還記得那天，我如常地轉動溫度旋鈕，不知怎麼眼睛的焦點竟游到一直被忽略掉的領地：40 度至 140 度。愛吃鬼如我，從來都習慣一下子扭至 150 度以上高溫烘烤或炸出好吃也不會長胖的黃金炸物。可是，如果機器只能「熱炸」食物，為什麼溫度要設定在 40 至 200 度呢？由此看來，我們平時就只用到它三分之一的功能。

我希望借著這本書，打破「氣炸鍋只能高溫料理」的呆板框架，發揚它更深層的價值，並且將這台偉大的廚房神器重新定義為「溫控機」。往後我們使用氣炸鍋，便不光只求效率，而是追求最佳的味覺口感， 用作低溫烹調、低溫油封、中溫烘焙等等。我們不妨從溫控出發，把牛排、雞蛋、麵衣等的各種熟度和口感，統統掌握在兩指之間。

一如既往，我都戴著新手廚師的思考帽子，由淺入深的撰寫內容，期望與讀者一起挖掘在家下廚的趣味、滿足感，以及更多使用氣炸鍋的可能性。在字裡行間，希望你們依舊感受到，我對家人、對飲食的真心熱愛。也只有他們，才讓我獲得更多創作的力量。

1分鐘！輕鬆學會氣炸鍋全方位料理

氣炸鍋可以說是這幾年廚房家電用品資優生。除了少油健康外，更重要的是操作簡單，只要照著食譜手指按一按，料理新手也可以變身大廚上菜。

氣炸鍋不只是炸，比你想像多更多

選購經過嚴謹檢驗認證，確保安全及食用安全的氣炸鍋，便可以安心下廚，做出變化多端的減油美食。而且氣炸鍋利用專利熱穿透氣旋系統，除了輕易達到炸、炒、烘、烤等效果外，高科技的溫控感應技術還能做出不同溫度的料理美食，像是低溫烹調、法式油封、掌握不同熟度的牛排以及黃金水煮蛋等等。

善用氣炸鍋附加的專屬配件，更可以增加料理的種類，例如運用不沾煎烤盤，煎魚、牛排零失手；多功能網籃能將食物與油脂分離，在烹調過程中，避免食材沾附釋出的油脂；附上蜂巢網孔上蓋設計更可防止食物油脂飛濺；雙層串燒架可以創造料理食材分層空間，一次做二道菜；不沾烘烤鍋讓焗烤甜點或烘蛋完美成型；不沾派盤蛋糕模運用活動底盤設計好脫模，美味蛋糕、鹹派、披薩輕鬆做，讓氣炸鍋脫離傳統只能「炸」的想像！

以下就以飛利浦健康氣炸鍋 HD9642 來操作示範如何安全使用氣炸鍋、如何拆卸內鍋與組裝配件，以及簡單又快速的清潔方式，讓你輕輕鬆鬆就能駕馭氣炸鍋。

氣炸鍋！看影片，學操作

飛利浦健康氣炸鍋 HD9642 使用操作說明

飛利浦健康氣炸鍋 HD9642 內鍋拆卸與組裝

飛利浦健康氣炸鍋 HD9642 內鍋清潔示範

還想知道更多氣炸鍋料理？

飛利浦氣炸鍋臉書社團

飛利浦健康氣炸鍋影音食譜線上看

掌握 7 撇步，秒懂氣炸美食

操作氣炸鍋時，只要掌握幾個原則，就能讓食物擁有最佳口感。若使用油脂豐富的食材，例如豬五花肉、菲力牛排、鮭魚或帶皮雞肉等，不需加油即可入鍋烹調。而魚、蝦等海鮮或瘦肉、蔬菜等，建議準備一個噴油罐，只需在表面噴少許油，便能讓完成的食物風味更佳且不乾澀。來看看油炸、香煎、燒烤、烘焗、醬燒、低溫烹調、油封料理、一鍋二菜等 7 種氣炸鍋烹調技巧，快速就能上手。

本書食材計量單位：1 茶匙＝ 5ml，1 湯匙＝ 15ml，1 杯＝ 235ml

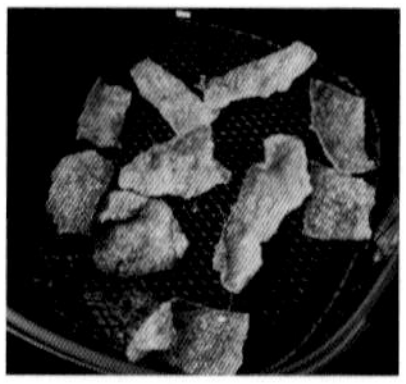

氣炸鍋美食撇步 1——酥炸 (P.90)

➪ **好用工具／多功能網籃、不沾煎烤盤**

➪ **使用 TIPS**

▶ 網籃和煎烤盤都可做出酥炸的效果，新款氣炸鍋已不需預熱。

▶ 若食材表面有麵衣，沾裹後宜先靜置 3 分鐘，較不易脫落。網籃或煎盤可噴少許油，更不易沾黏。

氣炸鍋美食撇步 2——香煎 (P.84)

➪ 好用工具／不沾煎烤盤

➪ 使用 TIPS

▶ 若食材水分較豐富，可使用兩段式氣炸法，第一階段先使食材均勻受熱至約 8 分熟，第二階段提高溫度，讓食材徹底熟成，且表面能變得更酥。

▶ 新一代機種在烹調時不需將食材翻面，便可以達到香酥效果。

氣炸鍋美食撇步 3——燒烤 (P.66)

➪ **好用工具／雙層串燒架**

➪ **使用 TIPS**

▶ 將含醬油及糖的醬料可以在氣炸鍋烹調的後段，再刷在食材上，以避免糖易烤焦。

氣炸鍋美食撇步 4——烘焗 (P.26)

➪ **好用工具／不沾烘烤鍋、不沾派盤蛋糕模**

➪ **使用 TIPS**

▶ 烘烤鍋可先抹薄薄一層油，脫膜更順手。

▶ 將食材放入烘烤鍋後，可視狀況決定是否包裹鋁箔紙。

氣炸鍋美食撇步 5——低溫烹調&烘乾 (P.54)

➪ **好用工具／不沾煎烤盤、雙層串燒架**

➪ **使用 TIPS**

▶ 低溫烹調食材可直接放入氣炸鍋裡，不需放入密封袋，也不需加水。

氣炸鍋美食撇步 6——油封&醬燒 (P.58)

➪ **好用工具／不沾烘烤鍋**

➪ **使用 TIPS**

▶ 製作義大利麵醬、油封或糖醋醬時，將食材與醬汁或油放入烘烤鍋，能達到醬燒入味效果。

氣炸鍋美食撇步 7—— 一鍋二菜 (P.92)

➪ **好用工具／不沾煎烤盤、網籃、雙層串燒架**

➪ **使用 TIPS**

▶ 煎烤盤上噴油，下層菜色吸收上面菜色滴下的油汁後，更形添色添香。

▶ 利用雙層串燒架擴大空間使用。

Part 1

點心&主食

Oreo 乳酪鬆餅

想吃Oreo，又想吃起司蛋糕，不如把兩者合而為一，變身Oreo乳酪鬆餅。熱吃像半熟乳酪蛋糕；冰過吃像冰淇淋，一次滿足多種欲望。

材料（12 片）

Oreo （原味／紅絲絨各 3 片）	6 片
奶油乳酪	120 克
無鹽奶油	45 克
中筋麵粉	60 克
糖	50 克
鹽	1/8 茶匙

170℃
9 分鐘
專用煎烤盤

步驟

1 先將奶油乳酪與無鹽奶油軟化，放入攪拌鋼盆與糖一起攪拌至輕盈蓬鬆。放入鹽與過篩的中筋麵粉攪拌成麵糰，分成2半。

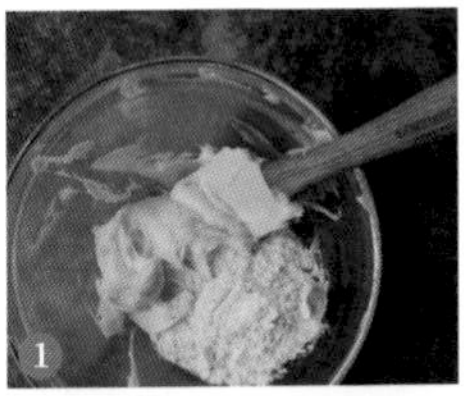

2 將原味及紅絲絨兩種口味Oreo分別壓成碎塊（不是粉狀），分別放入兩個麵糰。

3 將兩種口味的Oreo碎塊與麵糰攪拌混合後，蓋上保鮮膜放入冰箱冷藏1小時。

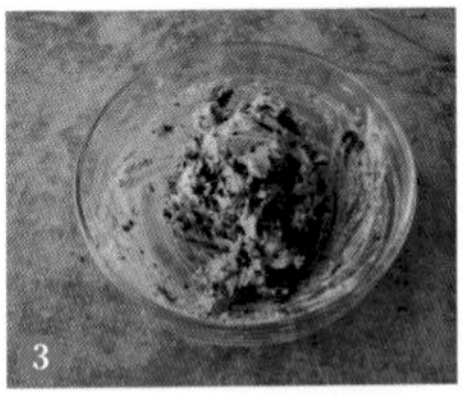

4 取出麵糰塑形成直徑5公分圓形餅狀，平放在專用煎烤盤。

5 氣炸鍋先預熱170度後，再將專用煎烤盤放入並用170度烤9分鐘。可先烤原味口味，再烤紅絲絨口味，分2批烤出不同口味的Oreo 乳酪鬆餅。

Tips

1. Oreo 碎塊放入麵糰時，避免用力攪拌，以維持酥脆口感。
2. 塑成圓形餅狀時，不要揉過度，避免奶油乳酪被 Oreo 染成深色。

莓花小餅乾

愛上烘焙後，就變成餅乾模具控，同樣的麵糰，押成花朵跟押成動物形狀的餅乾，吃起來的味道竟然不同樣，最適合壓力大的午後時光，心情頓感放鬆愉悅。

材料（24片）

低筋麵粉	85 克
砂糖	40 克
小蘇打	1/4 茶匙
無鹽奶油（冷凍切塊）	50 克
起司粉	15 克
牛奶	1 湯匙
果醬	適量

150℃
7 分鐘
專用煎烤盤

步驟

1 先低筋麵粉、砂糖、小蘇打粉過篩倒入攪拌盆，混合均勻後，再放入已切塊狀的奶油，用叉子壓拌，讓奶油和粉類混合成粉末狀。

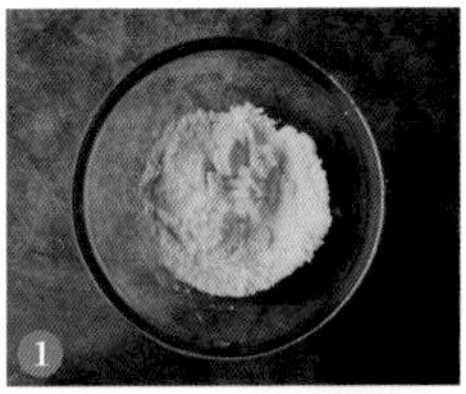

2 倒入牛奶與起司粉，持續用刮刀混合成麵糰後，再倒至擀麵台上，用手集中揉成圓形麵糰。

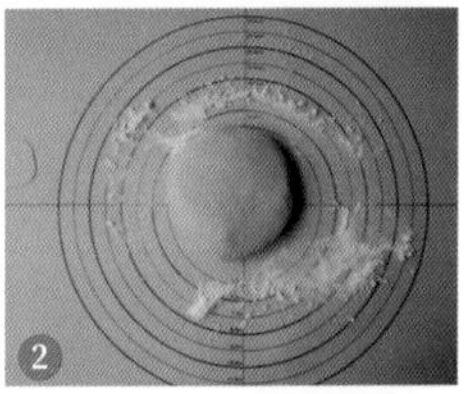

3 用擀麵棍將麵糰擀成約0.3公分厚圓餅後，再用餅乾模壓出一朵朵小花，蓋上保鮮膜，放置冰箱冷藏30分鐘。

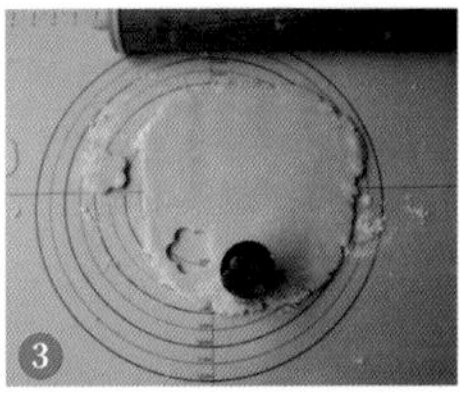

4 取出冷藏的小花麵糰，用手指在中央按出凹槽，填入果醬。

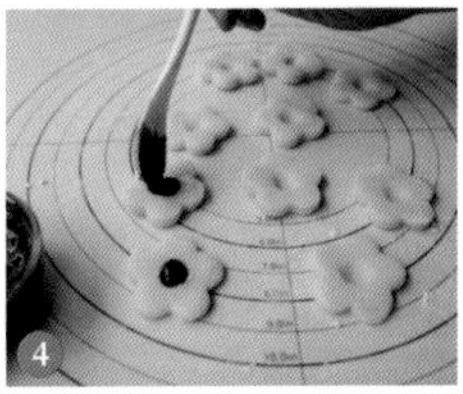

5 氣炸鍋預熱150度，在專用煎烤盤放上烘焙紙和小花麵糰，烤7分鐘出爐。

Tips

1. 麵糰壓完小花餅乾模的邊緣可以再揉成糰擀平，繼續壓出更多小花餅。
2. 烤餅乾前在表面撒上少許砂糖，可增添表面亮晶晶的效果。

柑橘檸檬果乾

利用低溫烘烤來做柑橘類果乾，除了當健康零嘴，更適合用來泡水果茶、做成果乾水，或作為熱紅酒材料，甚至做成香料鹽或甜點的擺飾品，讓料理充滿柑橘香氣。

材料（16 片）

青檸檬 1 顆
黃檸檬 1 顆
茂谷柑 1 顆
香奇士 1 顆

80℃
80～100 分鐘
雙層串燒架

步驟

1 先將柑橘類水果連皮用流水清洗，並用小刷子把表皮農藥刷除乾淨。

2 水果切片約0.5公分，記得切片越薄，果乾烘烤的時間可縮短。

3 垂直插在雙層串燒架橫紋網中，軟的果片可用串烤鐵籤串起，架在雙層架上。可分批烤。

4 可將青檸檬、黃檸檬、茂谷柑水果片一起放入氣炸鍋，以80度低溫烘烤，烤約80分鐘至果片摸起來乾燥即可取出。香奇士水果片因體積比較大，可單獨烤，一樣以氣炸鍋80度，烘烤100分鐘至果片摸起來乾燥取出即可。當然，香奇士片也可與檸檬片同時烘烤，檸檬片烤好後先取出，香奇士片續烤20分鐘便可。

5 果乾取出放涼後，放入密封盒保存。

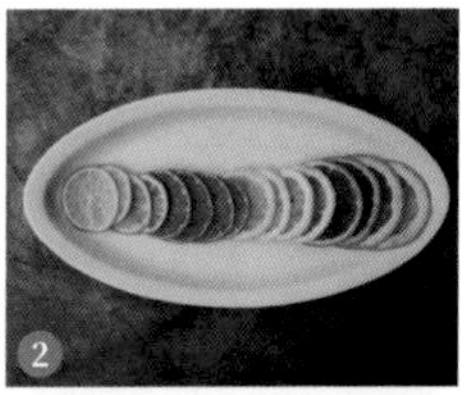
2

3

氣炸時間視果乾大小厚薄而定

4

Tips

果乾如受潮，也可放回氣炸鍋 80 度再烘烤 5 ～ 10 分鐘至乾。

延伸食譜 柑橘檸檬鹽

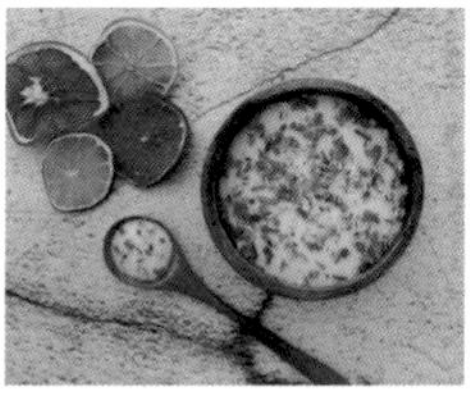

把柑橘類及檸檬類的果乾切碎成約 1 湯匙的果乾末，與 3 湯匙的海鹽混合，做成柑橘檸檬鹽，並放密封罐保存，適合當成醃漬魚類、雞胸等調味料。

茉莉茶布丁

媽媽喜歡喝茶，也喜歡吃布丁果凍類的冷甜點。因此把她愛喝的茉莉花茶，做成布丁，給她一個驚喜：「怎麼那麼香！好好吃啊！吃完還有嗎？」一副愛吃又捨不得吃完的表情，媽媽有時真像個孩子。

材料（2人）

市售茉莉花茶包	3 包
牛奶	170ml
鮮奶油	130ml
全蛋	2 顆
砂糖	35 克

135℃

25 分鐘

專用煎烤盤

步驟

1 蛋與砂糖倒入攪拌鋼盆裡，用球形打蛋器打發至糖完全融解。

2 牛奶、鮮奶油、茶葉倒入中型平底鍋，拌在一起，放到瓦斯爐上小火煮到出現小泡泡，關火放涼後，運用篩網緩慢倒進<步驟1>的蛋汁裡，邊倒邊攪拌。

3 再用篩網過濾一次到烤皿中，放入專用煎烤鍋。

4 氣炸鍋先預熱至135度，放入盛布丁液的烤皿的專用煎烤鍋，並在煎烤鍋中倒入滾水至布丁烤皿的一半高度，烤20～25分鐘即完成。

法式薄餅

週末的早晨點不一樣的，冰箱裡有牛奶、有蛋……，不如來做個法式薄餅吧。把食材都倒在一起，輕輕鬆鬆攪一攪，烤出爐後，隨意放上自己喜歡的水果、配料裝盤，再沖一杯咖啡，家裡餐廳搖身一變成了法式咖啡館。

材料（15片）

蕎麥粉	150克
細砂糖	25克
鹽	1克
雞蛋	2顆
牛奶	330ml
椰子油	25克

100℃+140℃

2分鐘+3分鐘

不沾派盤

步驟

1 把蕎麥粉、糖、鹽，倒入攪拌鋼盆，中間打入雞蛋。用球型攪拌器，由中心向外繞圈攪拌混合成粗糙麵糊。

2 分三次緩慢倒入牛奶，持續繞圈攪拌至均勻無粉粒的液狀麵糊後，再倒入椰子油拌勻。

3 在專用煎烤盤上噴少許油，用大湯匙將麵糊勺入不沾派盤（每片約須40～45 ml的麵糊），輕晃不沾派盤讓麵糊均勻分布。放入氣炸鍋100度烤2分鐘，再用140度3分鐘出爐。

4 出爐後，將法式薄餅取出，再重複＜步驟4＞（但不用再次噴油），約可烤出15片。

5 在法式薄餅抹上自己喜歡的果醬即完成。

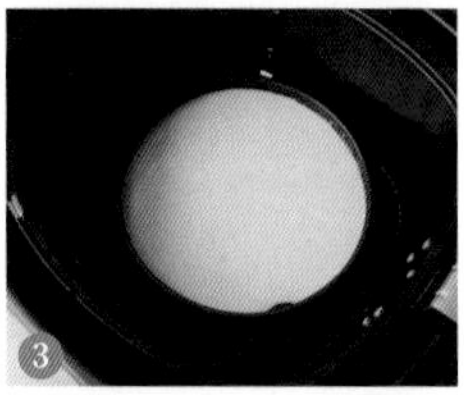

Tips

1. 蕎麥麵粉可用低筋麵粉或全麥麵粉替代。
2. 椰子油可以用其他植物油，或融化的無鹽奶油替代。

燈籠酥皮湯圓

想起小學時拿到燈籠 DIY 比賽大獎，突然浮出做一個能吃的燈籠想法！興致勃勃以酥皮為竹片框架，紫米湯圓的皮為玻璃紙，裡面的奶黃流心跟蠟燭火焰像極了，酥皮與湯圓的比例也剛剛好，咬下去爆漿無敵好吃！

材料（6 顆）

酥皮（11x11cm）	2 片
紫米花生冷凍湯圓	6 顆
雞蛋黃	1 顆

160℃+180℃

5 分鐘+3 分鐘

專用煎烤盤

步驟

1 把冷凍湯圓跟酥皮解凍20～30分鐘後，再讓湯圓泡溫水一下，降低烤的時候因突然熱脹冷縮而爆裂的機會。

2 接著將解凍的酥皮切細長條，每條約0.3～0.4公分寬，然後取6條平放交疊如時鐘般圓型放射狀。把湯圓置酥皮條重疊中心點，將酥皮條往上裹在湯圓上，縫隙中露出裡頭湯圓的顏色。

3 將湯圓頂部的酥皮旋轉揉緊，過長的酥皮可剪掉。

4 雞蛋黃打散成蛋黃液，刷在酥皮表面上，然後整顆噴油。

5 氣炸鍋設160度5分鐘，再轉180度3分鐘，出爐趁熱吃。

Tips

可選各種口味的湯圓，有顏色的皮做出來比較漂亮。

延伸食譜 年糕吉拿棒

把春節年糕切片約 0.3 公分，新鮮吐司去邊擀平，年糕片放吐司上捲緊成一卷。吐司卷外刷上融化奶油，放入專用煎烤盤，氣炸鍋 180 度 8 分鐘。肉桂粉與白砂糖混合成肉桂糖粉，把氣炸完的黃金吐司條沾滿肉桂糖粉便完成。

大理石重乳酪蛋糕

大理石紋不論是在吐司上，或是磅蛋糕上都好迷人，乳酪起司蛋糕也可以有大理石紋，只要多使用一種材料，就可以把樸素的乳酪起司蛋糕再升級，視覺上有藝術感，口味上更豐富。

材料（3～4人份）

消化餅乾	60克	雞蛋	1顆
無鹽奶油	30克	低筋麵粉	20克
奶油乳酪	250克	72% 黑巧克力塊	70克
細砂糖	60克		

150℃
15分鐘
蛋糕模

步驟

1 把蛋糕模（直徑15公分）刷上薄薄一層油，底部鋪上剪成圓形的烘焙紙。消化餅乾壓碎，倒入蛋糕模，接著倒入融化的奶油，混合至餅乾屑結塊，鋪平在底座，用大湯匙（或利用量米杯的底部）壓實，放置冰箱冷藏備用。

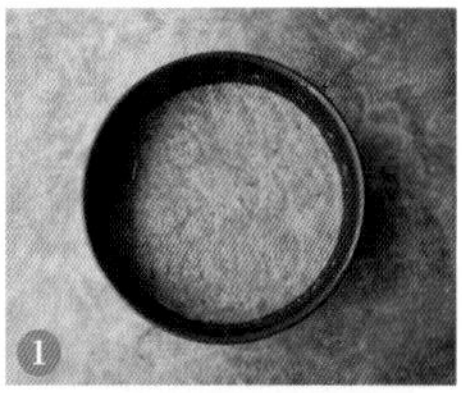

2 用手持電動攪拌機慢速將奶油乳酪與砂糖打發，打入雞蛋繼續攪拌至質地均勻。乳酪麵糊倒入一半的麵粉，混合均勻至無粉粒。

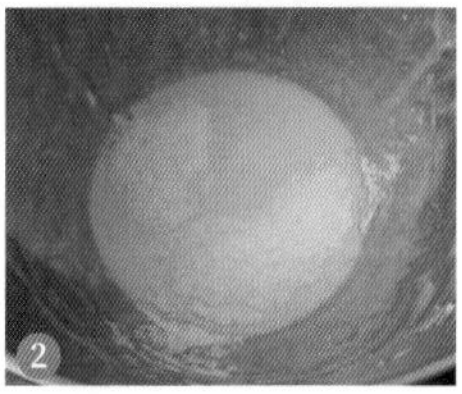

3 黑巧克力隔水加熱，融化後從熱水移開，倒入剩下的麵粉混和均勻，使質地稍微濃稠。

4 將<步驟1>的蛋糕模從冰箱拿出來，倒入一半的乳酪麵糊，再用小湯匙將一半巧克力一匙一匙地勺進蛋糕模，製造斑點的效果。

5 重複<步驟4>加入剩下的乳酪麵糊與巧克力，筷子插入麵糊（不要刺到餅乾底），隨意畫出花紋。

6 氣炸鍋預熱至150度，烤15分鐘出爐放涼，放置冰箱冷藏1小時，或直到起司蛋糕變硬後便可脫模、切片。

Tips

消化餅乾也可以用 Oreo 替代，若喜歡甜一點的話，可以選擇巧克力％較低的巧克力片塊。

延伸食譜 原味重乳酪蛋糕

在<步驟 4 >時全入所有的乳酪麵糊，不加任何巧克力麵糊，並接續<步驟 6 >，即為原味的重乳酪蛋糕的製作方式。

德國蘋果蛋糕

「德國蘋果蛋糕」是德式烘焙店最經典的蛋糕，如磅蛋糕般口感紮實，奶香濃厚夾著清甜的蘋果顆粒。氣炸鍋 360 度渦輪氣旋烤出來的蛋糕顏色特別金黃色澤均勻，保持水分。

材料（3～4人份）

蘋果	2 顆	中筋麵粉	225 克
黑砂糖	1 大匙	泡打粉	2 茶匙
檸檬汁	1 大匙	肉桂粉	1/2 茶匙
無鹽奶油（軟化）	125 克	鹽	1/2 茶匙
細砂糖	140 克	牛奶	5 大匙
蛋	3 顆		

150℃
60 分鐘
蛋糕模

步驟

1 蘋果削皮，切6或8等分，每分各切成風琴狀。黑砂糖與檸檬汁均勻撒上蘋果，靜置一旁備用。

2 在攪拌鋼盆內把奶油打發，加入砂糖後攪拌至泛白毛絨狀。

3 把蛋液分次倒入鋼盆攪拌混合，共三次。

4 倒入過篩後的中筋麵粉、泡打粉、肉桂粉、鹽，攪拌至質地均勻。

5 加入牛奶，繼續混合成光滑麵糊。麵糊倒入圓形模具，將切好的蘋果放置在表層。

6 放入預熱150度的氣炸鍋烤45分鐘。蓋上鋁箔紙，鋁箔紙上戳數個小洞，續烤15分鐘。

7 出爐待放涼後脫模，撒上糖粉或配鮮奶油一起吃。

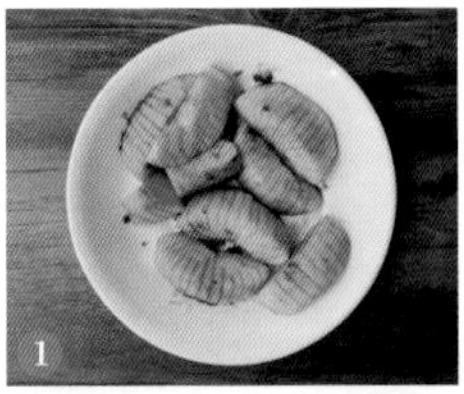

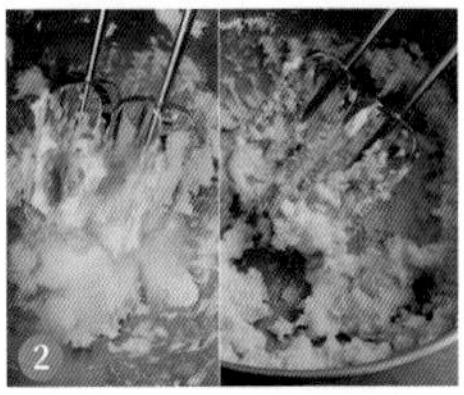

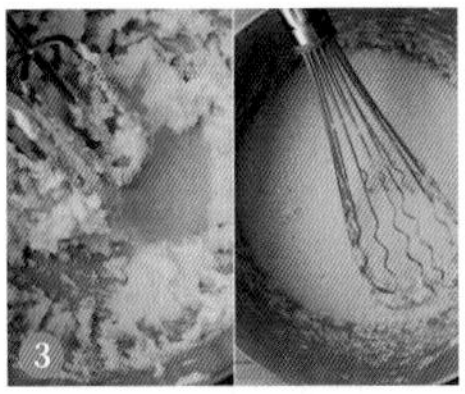

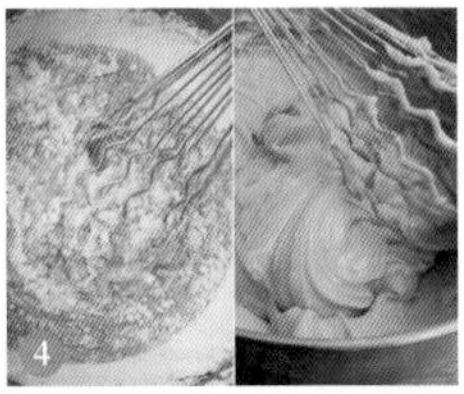

Tips

蘋果塊切風琴形狀時，只需放一根筷子在蘋果塊旁，便不會把蘋果塊切斷了。

甜花生腐皮糯米捲

小時候週末早餐愛吃甜飯糰配甜豆漿，吃完後連午餐也吃不下了。問老闆：「為什麼不可以做小顆一點呢？」「要把油條包進去啊！」改用豆腐皮代替油條，迷你的糯米卷，作為飯後甜點也不怕肚子撐。

材料（6卷）

乾豆腐皮（半圓形）	2 大張
蒸熟糯米	360 克
花生粉	42 克
白砂糖	42 克
去核紅棗	20 克
麵粉	1/2 茶匙

200℃
5 分鐘
專用煎烤盤

步驟

1 半圓形豆腐皮裁成3等分圓錐形。花生粉與糖混和均勻成花生糖粉。紅棗切碎。

2 在豆腐皮上取60克溫熱糯米，用湯匙平鋪成約12x8公分長方型。

3 先在糯米飯上覆蓋一層花生糖粉，並在靠近身體的餡料上，撒上切碎的紅棗成一線狀。

4 從靠近身體豆腐皮捲起，用麵粉拌水成糊狀，抹在尾部收尾。

5 專用煎烤盤噴油，放入糯米卷，表面噴油，氣炸200度5分鐘。

1

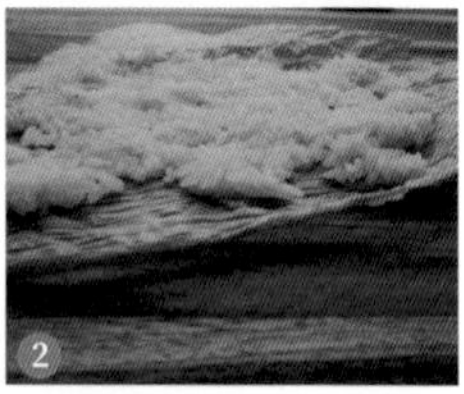
2

3

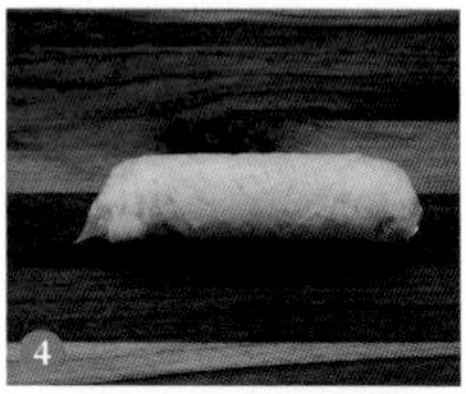
4

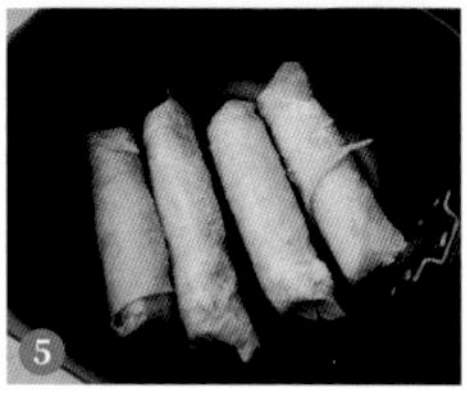
5

Tips

湯匙或飯匙沾水比較不沾黏糯米。

台式麵包三劍客

童年回憶中，麵包是重要的一環——學校發點心的基本款蔥花麵包；夜晚補習前充飢的銅板價菠蘿麵包；吃了嘴巴會長白鬍子的螺旋奶油卷。在家只需做好一種簡單麵包體，加入3種不同的餡料，竟發現眼前的台式麵包比童年記憶更好吃！

菠蘿麵包

180℃

15分鐘

專用炸籃＋防油網

蔥花麵包

180℃

15分鐘

專用炸籃＋防油網

螺旋奶油卷

180℃

10分鐘

專用炸籃

台式麵包體

材料（12 顆）

高筋麵粉	450 克	雞蛋	3 顆
速發酵母	9 克	無鹽奶油（融化）	30 克
糖	40 克	牛奶	60 克
鹽	9 克	水	60 克

步驟

1 在鋼盆內倒入麵粉、酵母、糖跟鹽。麵粉中央倒入蛋液，攪拌混合使麵糰成粗顆粒狀；放入已隔水加熱融化的奶油，分三次倒入溫牛奶跟水，持續混合成糰。(牛奶溫度須控制在約攝氏35度，若超過40度會破壞酵母活性。)

2 麵糰放到擀麵台上，揉到麵糰光滑有彈性。

3 麵糰整形成球狀，放入乾淨的鋼盆內，蓋上保鮮膜在室溫進行第一次發酵，直到麵糰長到兩倍大(約一小時)。

4 取出發酵好的麵糰，分成12份。

5 其中8份揉成圓球，4份搓成長條，繞上用鋁箔紙做成的圓錐體形成螺旋狀。

6 將整型好的麵糰擺在烘焙紙上，蓋上保鮮膜進行第二次發酵，直到麵糰長到兩倍大(約50分鐘)。

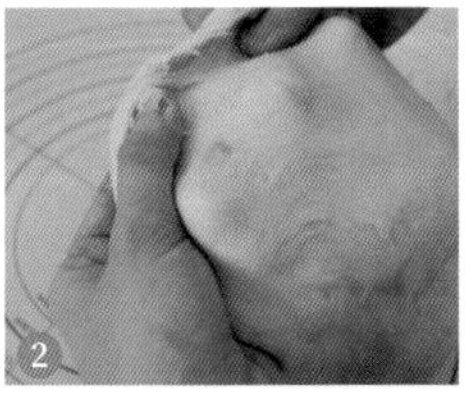

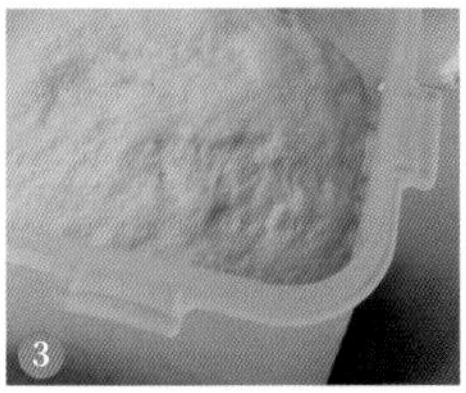

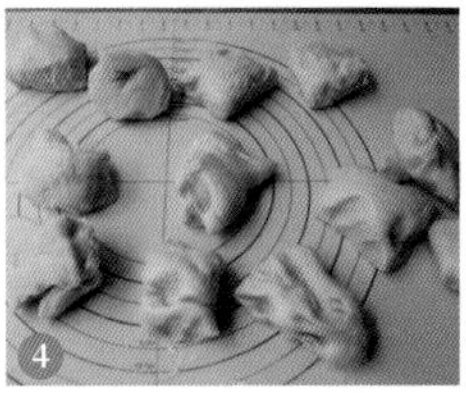

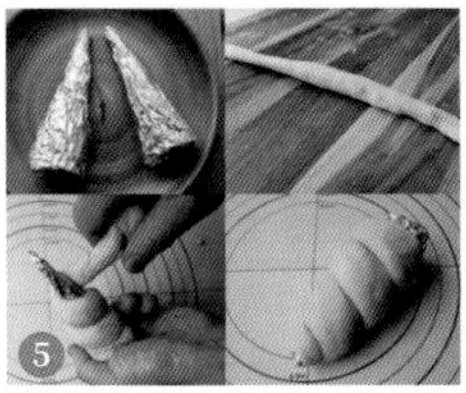

Tips

利用一次發酵和二次發酵的空檔時間，可以用來製作三種台式麵包的外皮及內餡。

延伸食譜 台式小餐包

這做法若不加外皮及餡，揉成圓形，然後直接依<步驟 6 >進行第二次發酵，並在進氣炸鍋前刷上蛋黃液，連同烘焙紙，放入已以 180 度預熱的氣炸鍋專用炸籃內，用 180 度且不加防油網烤約 10 分鐘，出爐放涼即是圓滾滾的台式小餐包，單吃或中間夾果醬、沙拉都美味。

螺旋奶油卷

材料（4份）

餡料

鮮奶油	80ml
細砂糖	8克

麵包體

已發酵完成的台式麵糰 4個

步驟

1 鋼盆倒入鮮奶油與砂糖，用電動攪拌機打至硬性發泡，舉起攪拌器時，鮮奶油尖端呈現尖挺貌，沒有垂落。

2 將之前已第二次發酵的4份螺旋狀空心的台式麵包麵糰拿出來，刷上蛋黃液。

3 氣炸鍋放入專用炸籃，預熱至180度，螺旋狀空心的台式麵包連同烘焙紙放入氣炸鍋，不加防油網，以180度烤10分鐘完成。

4 出爐後放涼，用擠花袋將鮮奶油擠入填滿即完成。

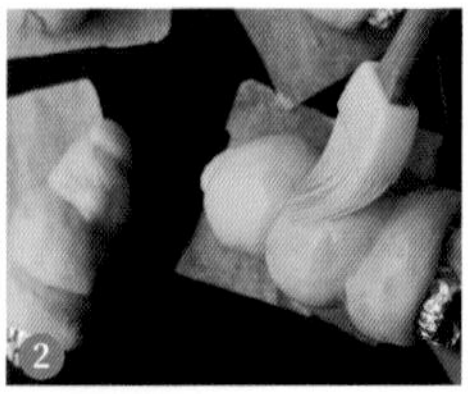

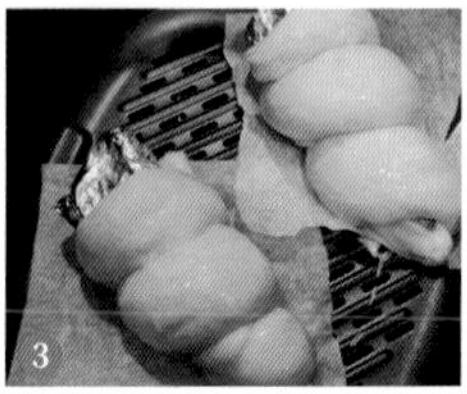

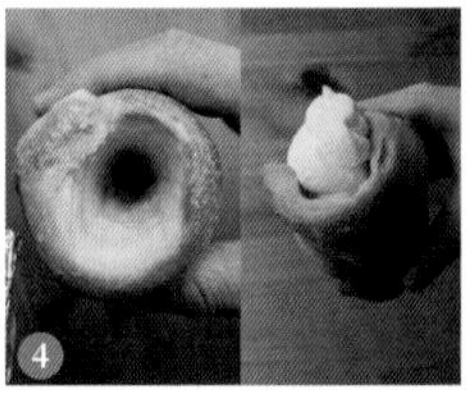

蔥花麵包

材料（4份）

餡料

蔥	2根
美乃滋	30克

麵包體

已發酵完成的台式麵糰 4個

步驟

1 先將蔥切成蔥花，然後與美乃滋混合備用。

2 將之前已第二次發酵的4份台式麵包麵糰拿出來，刷上蛋黃液。

3 氣炸鍋放入專用炸籃，預熱至180度，台式麵包麵糰連同烘焙紙放入氣炸鍋，須加防油網，以180度烤10分鐘。

4 再移開防油網，刷上蔥花美乃滋後，再續烤5分鐘即完成。

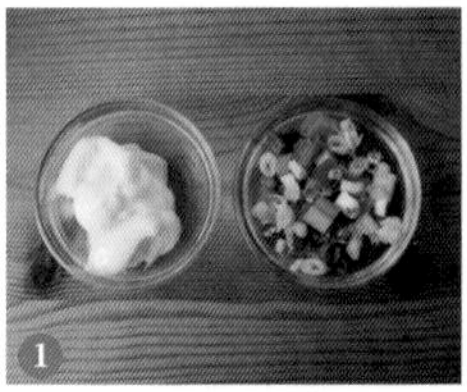

菠蘿麵包

材料（4 份）菠蘿皮

無鹽奶油	30 克	蛋	1/4 顆
細砂糖	20 克	高筋麵粉	60 克
鹽	1 克		

麵包體

已發酵完成的台式麵糰　4 個

步驟

1 先製作菠蘿皮，把在室溫放軟的奶油與砂糖用刮刀攪拌至鬆軟乳白狀。分二次倒入蛋液，持續攪拌至蛋液被奶油完全吸收。倒入鹽、過篩的高筋麵粉混合成麵糰，質地均勻無顆粒。

2 菠蘿皮麵糰整形成圓餅狀，包上保鮮膜放入冰箱冷藏30分鐘～1小時。

3 冰過的菠蘿皮麵糰分成4等分，分別揉成圓球，壓扁成0.5～1公分，蓋上保鮮膜冷藏備用。

4 將之前已第二次發酵的4顆圓球狀台式麵包麵糰拿出來，包上菠蘿皮。

5 用刀切出菠蘿紋路，並刷上蛋黃液，放在烘焙紙上。

6 氣炸鍋放入專用炸籃，預熱至180度，菠蘿麵包連同烘焙紙放入氣炸鍋，加防油網的方式，以180度烤10分鐘，再移開防油網續烤5分鐘即完成。

2

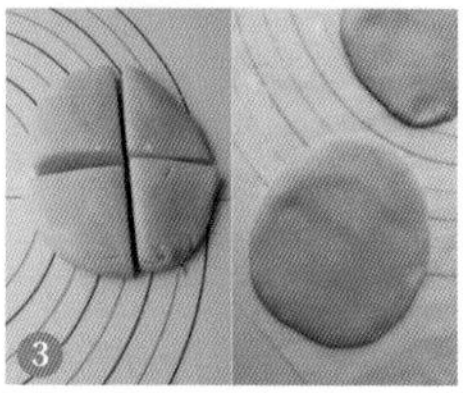
3

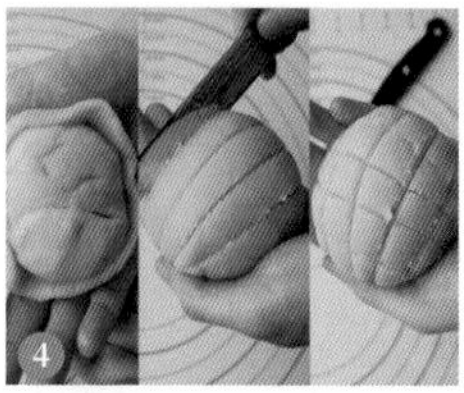
4

5

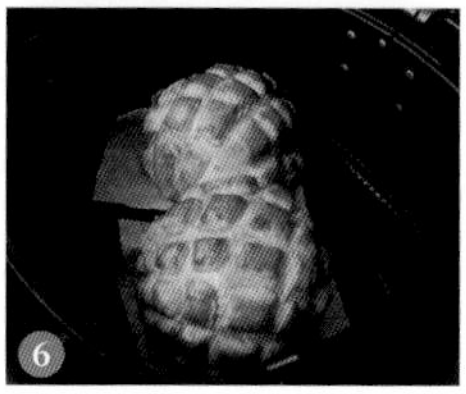
6

Tips

務必利用麵包第一次發酵空檔先製作菠蘿皮，才有足夠時間冷藏。

大阪燒

少年時第一次體驗在餐廳 DIY 大阪燒，把很多的高麗菜絲、蔥花、蛋、麵粉放入碗公裡，加點水拌成糊狀，倒在鐵板上，裝模作樣照圖煎成餅，擠醬，撒柴魚片，完成！沒想到媽媽都說好吃呢！

材料（2 人份）

培根肉片	3 片	雞蛋（打散）	1 顆
高麗菜（約 180 克）	3 大片	山藥泥	60 克
蔥（末）	10 克	低筋麵粉	70 克
水	75 克	油	2 茶匙
鰹魚粉	1 茶匙		

醬汁

大阪燒醬	3 湯匙	柴魚片	5 茶匙
美乃滋	3 湯匙	巴西里碎	1 又 1/2 茶匙

180℃
15 分鐘
專用煎烤盤

步驟

1 高麗菜切成1X3公分的絲條狀，培根肉片對切備用。

2 鰹魚粉加水拌至溶解，加入麵粉及山藥泥與蛋拌勻成粉漿。

3 再倒入高麗菜絲及蔥末拌勻。

4 專用煎烤鍋底及四側邊抹油，倒入高麗菜粉漿輕輕整平。放入氣炸鍋180度9分鐘烤至凝固。

5 打開氣炸鍋，平鋪培根，氣炸鍋設定180度6分鐘。

6 盛盤，順序澆上大阪燒醬、美乃滋、撒上巴西里及柴魚片。

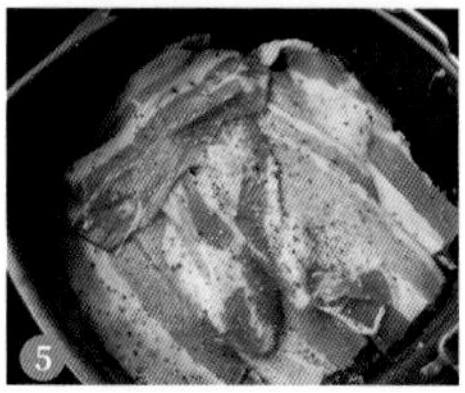

延伸食譜 海陸大阪燒

可在<步驟 5>加入蟹肉棒與蝦仁變成海陸大阪燒。

焗烤馬克杯水管麵

學生時代廚藝老是被閨密嘲笑，這次已旅居國外的她來台旅行，重聚的晚宴特別選在家裡，慎重做了造型、味道、咬勁都讓她非常滿意的麵點，這道「雪恥之Pasta」在我心中享有崇高的意義。

材料（1 人份）

水管義大利麵	90 克	帕馬森起司粉	1 湯匙
番茄義大利麵醬	5 湯匙	羅勒	2 茶匙
莫扎瑞拉乳酪片（切塊）	2 片	初榨橄欖油	少許

180℃
10 分鐘
專用煎烤盤

步驟

1 將湯鍋加適量的水及少許鹽燒熱，加入水管麵煮熟後瀝乾水，瀝上少許橄欖油防沾黏，放涼。

2 取一個可放入烤箱耐熱的馬克杯(如圖直徑9公分，高7公分)，杯子裡抹一層橄欖油，依序放入2湯匙義大利麵醬、乳酪片、羅勒、1/2湯匙起司粉。

3 水管麵豎向一條一條插滿馬克杯。

4 表面淋上剩餘義大利麵醬，邊淋邊敲杯子讓麵醬往下流。

5 灑上帕馬森起司粉，輕輕壓緊與麵醬黏合。

6 馬克杯放在專用煎烤盤，氣炸鍋設180度，時間10分鐘 。

7 完成後，將馬克杯倒扣在餐盤上，淋上少許初榨橄欖油。

2

3

4

6

7

Tips

乾狀水管麵的量約為馬克杯七分滿，煮熟，把膨脹的水管麵站立放入馬克杯，使之完全充滿。而且馬克杯或烤盅的高度需至少比乾狀的水管麵高約 1 公分，麵醬才不會流到杯子外。

紙包蛤蜊烏龍麵

紙包料理就像拆禮物般給人好感，像這道蛤蜊的海味與白酒的香氣隨著蒸氣湧出，芳香四溢；麵條沾附著醬汁，滑溜溜一下子就吸光光。

材料（1～2人份）

冷藏烏龍麵	200克	乾辣椒末	少許
蛤蜊	15顆	橄欖油	2茶匙
小番茄	10顆	水	1又1/2茶匙
蒜片	1瓣	九層塔	少許

200℃
12 分鐘
專用煎烤盤

調味料

高湯粉	3/4茶匙
白酒	1茶匙

步驟

1 冷藏烏龍麵泡熱水3分鐘，把麵條撥鬆後瀝乾。

2 取一張45公分長的烘焙紙，先對折打開，將烏龍麵放烘焙紙對折線旁，灑上高湯粉拌勻。放上蒜片、對切的小番茄、乾辣椒拌勻。鋪上蛤蜊，灑白酒，水及橄欖油。

3 烘焙紙對折，覆蓋材料，邊緣開口折邊封緊成口袋。

4 將口袋放在煎烤盤上，氣炸鍋設200度12分鐘。

5 完成提示聲響起，取出漲大的口袋放深盤上，打開口袋，倒在深盤上。

6 將材料拌勻，放上九層塔便完成。

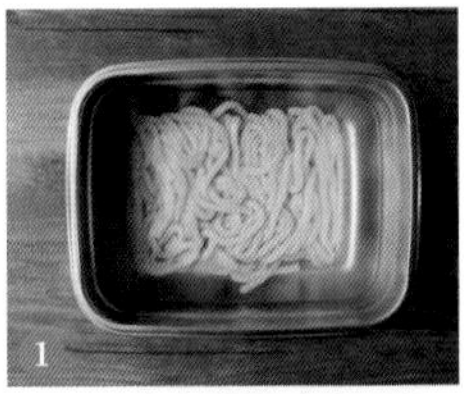
1

2

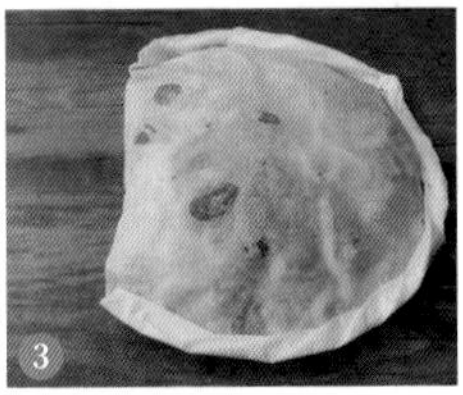
3

4

5

Tips

若使用生的麵條，如義大利麵或油麵需先煮至八分熟，瀝乾水撥鬆麵條，從＜步驟2＞開始料理。

延伸食譜 義式紙包焗烤海鮮

可以不加麵條，改加一些蝦子、透抽、魚片等，用相同的做法，便成「義式紙包焗烤海鮮」。

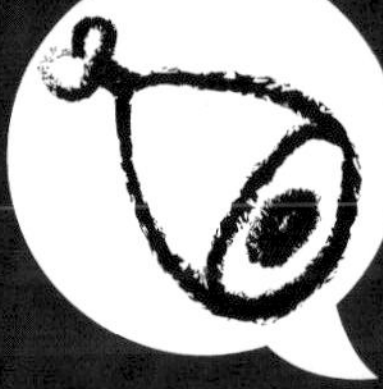

Part2

肉類料理

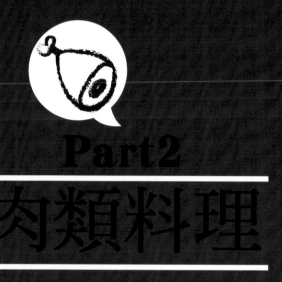

雞翅派對拼盤

魚露辣醬炸雞翅

180℃ +200℃

8 分鐘 +4 分鐘

專用煎烤盤

香辣 BBQ 炸雞翅

180℃ +200℃

8 分鐘 +4 分鐘

專用煎烤盤

七味醬油炸雞翅

180℃ +200℃

8 分鐘 +4 分鐘

專用煎烤盤

雞肉中最愛雞中翅了，肉嫩富油脂，做法多變，隨便可以喊出幾十種做法！用氣炸鍋可烤可炸的「雞翅派對拼盤」6種口味及口感，從醃料、麵衣裹粉、沾醬料，做出不同的變化，天天吃也不會膩！

咖哩果香炸雞翅

180℃+200℃

8分鐘+4分鐘

專用煎烤盤

香草白酒烤雞翅

185℃

13分鐘

專用煎烤盤

黑蒜奶油烤雞

180℃

12分鐘

專用煎烤盤

魚露辣醬炸雞翅

材料（3 人份）

雞中翅	300 克
油	少許

醃料

香菜莖（末）	1 茶匙
蒜（泥）	2 茶匙
魚露	2 茶匙
糖	1/2 茶匙
胡椒粉	少許

麵衣 \ 薄脆口感 /

太白粉	2 湯匙

醬汁

是拉差辣醬	適量

步驟

1 雞中翅擦乾表面水分，抹醃料，冷藏醃漬1～3小時。

2 太白粉置盤子上，放入雞翅，按壓搓揉讓麵衣均勻沾附在雞皮上。

3 雞翅放在專用煎烤盤上，雞翅上噴油，氣炸鍋設180度8分鐘，再轉200度4分鐘至雞肉熟透及表皮酥脆，即可直接品嘗；也可在雞翅上刷上泰國的是拉差辣醬(Sriracha Hot Chili Sauce)。

Tips

如果用小雞腿或土雞的大型雞翅，可劃兩刀深入至骨頭，較容易醃漬入味及熟透。且雞翅大小會影響熟成時間，最後幾分鐘可打開氣炸鍋檢查雞肉熟度。

香辣BBQ炸雞翅

材料（3 人份）

市售生醃 BBQ 雞翅	300 克
油	少許

麵衣 \ 酥脆口感 /

玉米粉	2 湯匙
樹薯粉	4 湯匙

步驟

1 雞翅解凍，瀝乾表面醬汁。將玉米粉及樹薯粉混合，放入雞翅，按壓搓揉讓麵衣均勻沾附在雞皮上。

2 雞翅放在專用煎烤盤上，雞翅上噴油。

3 氣炸鍋設180度8分鐘，再轉200度4分鐘至雞肉熟透及表皮香脆。

七味醬油炸雞翅

材料（3 人份）

雞中翅	300 克
油	少許

醃料

薑（泥）	1/2 湯匙
蒜（末）	1/2 茶匙
日式醬油	1 茶匙
味醂	1/2 茶匙
清酒	1 湯匙

麵衣 \ 鬆脆口感 /

日清炸雞粉（香味醬油風味）	3 湯匙
七味粉	1/2 茶匙

步驟

1 雞中翅擦乾表面水分，抹醃料，冷藏醃漬1～3小時。

2 日清炸雞粉與七味粉混合，放入雞翅，按壓搓揉讓麵衣均勻沾附在雞皮上。

3 雞翅放在專用煎烤盤上，雞翅上噴油，氣炸鍋設180度8分鐘，再轉200度4 分鐘至雞肉熟透及表皮香脆。

Tips

每種日清炸雞粉含不同的調味料，可先看包裝上成分，再調整醃料的風味。

咖哩果香炸雞翅

材料（3 人份）

雞中翅	300 克
油	少許

醃料

鹽	1/2 茶匙
印度咖哩粉	1 又 1/2 茶匙

麵衣 \ 硬脆口感 /

玉米粉	1 湯匙
糯米粉	3 湯匙

醬汁

鳳梨果醬	適量

步驟

1 雞中翅擦乾表面水分，抹醃料，冷藏醃漬1～3小時。

2 玉米粉及糯米粉混合，放入雞翅，按壓搓揉讓麵衣均勻沾附在雞皮上。

3 雞翅放在專用煎烤盤上，雞翅上噴油，氣炸鍋設180度8分鐘，再轉200度4分鐘至雞肉熟透及表皮酥脆。

4 完成後，在咖哩雞翅上抹上鳳梨果醬，說不出的對味呢！

香草白酒烤雞翅

材料（3 人份）

雞中翅	300 克
巴西里	少許
油	少許

醃料

迷迭香	1 茶匙
檸檬（皮屑）	1 顆
蒜（末）	2 茶匙
鹽	1/2 茶匙
黑胡椒粉	1/4 茶匙
白酒	2 湯匙
橄欖油	1 茶匙

步驟

1 雞中翅擦乾表面水分，醃料混合倒入密封袋，放入雞翅搓勻，冷凍過夜。

2 冷凍雞翅取出直接放在專用煎烤盤上，雞翅上噴油，氣炸鍋設185度13分鐘 。

3 雞翅上色即完成。

Tips

醃漬後冷凍直接烤的雞翅，醃料適合帶點液體，例如酒料或醬料，烤的時候醬料會濃縮黏附在雞皮上，味道更佳。

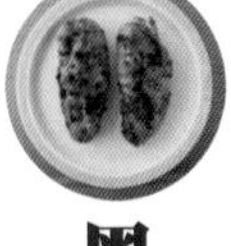

黑蒜奶油烤雞翅

材料（3 人份）

雞中翅	300 克
油	少許

醃料

鹽	1/4 茶匙
黑胡椒碎	1/8 茶匙

醬汁

黑蒜	3 瓣
無鹽奶油	20 克

步驟

1 雞中翅擦乾表面水分，抹醃料，冷藏醃漬1～3小時。

2 黑蒜剝皮壓成泥，與放室溫軟化的奶油拌勻成可刷的醬汁。

3 專用煎烤盤上噴油，放入雞翅，氣炸鍋設180度12分鐘。當計時器剩5分鐘時打開氣炸鍋刷醬汁，剩3分鐘時刷第二次，剩1分鐘時刷第三次即完成。

下酒雞三味

下酒菜常運用到雞的特別部位，就像當我咬下炸成外表金黃裡面軟骨香脆的雞肉時問：「為什麼這雞軟骨要叫『七里香』？」超馬先生狡猾的笑：「嘿嘿～這是你不敢吃的雞屁股！」搭配油封雞胗鹹香又充滿咬勁的口感，以及蜂蜜芥末雞里肌串烤，當做常備下酒菜最適合不過了。

油封雞胗

材料（4 人份）

雞胗	300 克
鹽	3 茶匙
蒜頭	4 瓣
迷迭香	2 株
油	200ml

85℃
120 分鐘
專用煎烤鍋

步驟

1 將雞胗翻開徹底洗乾淨，尤其上面黃色的髒汙要仔細去除。

2 灑上鹽巴搓揉均勻，放入冰箱冷藏過夜入味。

3 取出，沖洗雞胗表面鹽巴，瀝乾水分。

4 雞胗放入專用煎烤鍋，加入蒜頭及迷迭香，注入橄欖油淹滿材料，蓋上防油蓋子。

5 用氣炸鍋設定85度60分鐘後，再重複60分鐘，至雞胗可輕易用鐵叉刺穿。取出專用煎烤鍋，放涼後倒入密封盒冷藏保存。當作小菜熱吃、冷吃皆可。

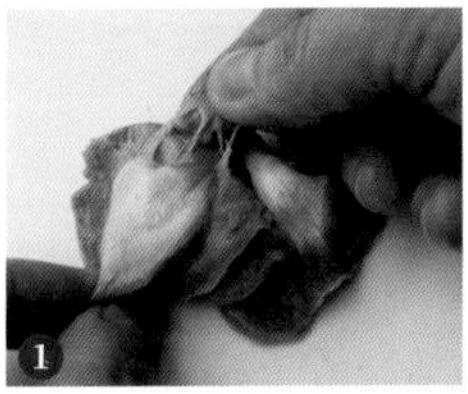

Tips

油封料理宜加防油蓋或鋁箔紙，以阻檔大量的油被氣旋帶至內部上層。

延伸食譜　油封大蒜

在＜步驟 4 ＞時，可放入更多的蒜頭，與雞胗同時油封。油封大蒜可用來煮義大利麵、抹麵包、做淋醬，都是好幫手。

炸雞尾椎

材料（4 人份）

雞尾椎	300 克
胡椒鹽	適量
油	適量

醃料

醬油	2 湯匙
糖	1/2 湯匙
米酒	2 茶匙
黑胡椒	1/2 茶匙

麵衣

樹薯粉	3 湯匙
玉米粉	3 湯匙

180℃ +200℃

5 分鐘 +6 分鐘

專用煎烤盤

步驟

1 將雞尾椎的腺體切除，沖洗後擦乾水分。

2 雞尾椎加入醃料抓醃，冷藏醃30分鐘。

3 將雞尾椎表面先沾玉米粉，再沾樹薯粉，靜置5分鐘返潮。

4 專用煎烤鍋上噴油，擺上雞尾椎，表面再噴上油。氣炸鍋180度5分鐘，轉200度續炸6分鐘至金黃。

5 盛盤後均勻撒上胡椒鹽，完成。

JJ 小食堂：雞尾椎好吃的祕訣？

雞尾椎，就是俗稱的「雞屁股」，其突尖底下有的兩塊淡黃色的淋巴腺體叫「腔上囊」，料理前需要完全切除，炸烤都美味。

蜂蜜芥末雞里肌串烤

材料（2 人份）

雞里肌	150 克
紅甜椒	1/6 顆
油	少許

醃料

黃芥末	2 湯匙
蜂蜜	1 又 1/2 湯匙
百里香	1/8 茶匙
辣椒粉	少許

180℃
8 分鐘
雙層串燒架

步驟

1 雞里肌及紅甜椒切成2.5公分塊狀。雞里肌加入已拌勻的醃料抓醃，冷藏醃30分鐘。

2 將雞里肌及紅甜椒交錯串在鐵籤上，約3～4串放在已噴油的雙層串燒架，表面再噴油，有助保持雞肉水分。

3 氣炸鍋180度8分鐘完成。量多時可分批烤。

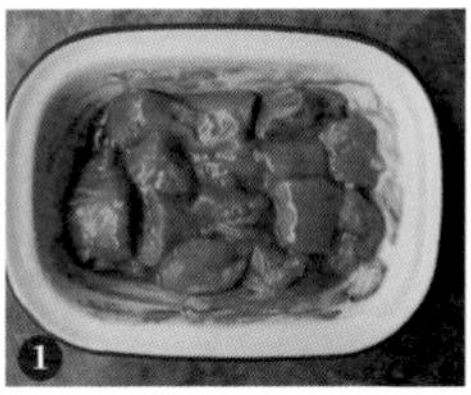
1

2

Tips

黃芥末已有鹹味，不需另加鹽巴。

親子丼套餐

怕孩子不吃飯，我為朋友設計這個神奇親子丼上桌，孩子自動自發將甜甜的蛋跟嫩嫩的雞肉配著白飯送進嘴巴，還搭配照燒雞腿及雞胸肉丸子，一台氣炸鍋便能做好做滿，何必為單一料理找鍋子呢？

JJ 小食堂：雞里肌與雞胸肉有差嗎？

雞的里肌肉，就是俗稱「雞柳」，算是雞胸肉的一部分，也是全雞中熱量最低的一塊肉，含有豐富的蛋白質，相較於雞胸肉來說，它的口感更柔嫩！

日式親子丼

材料（1 人份）

雞蛋	2 顆
洋蔥（段）	1/8 顆
雞里肌肉	100 克

醬汁

鰹魚高湯	2 湯匙
鰹魚露	1 湯匙
味醂	1 湯匙

170℃
10 分鐘
專用煎烤鍋

步驟

1 將雞蛋打發成蛋液，與鰹魚高湯、鰹魚露、味醂打勻，成醬汁備用。

2 雞里肌肉切2公分丁塊，與洋蔥放入專用煎烤鍋，噴油拌勻，氣炸170度5分鐘，至洋蔥變軟及雞里肌7分熟。

3 煎烤鍋倒入醬汁，與雞肉及洋蔥略拌，氣炸170度5分鐘。計時器倒數3分鐘時，將凝固在鍋邊的蛋，從外往內略為拌勻，關上氣炸鍋繼續行程。

4 完成後淋在白飯上。

Tips

將 1/2 茶匙鰹魚粉與 2 湯匙熱水混合，便成鰹魚高湯，等高湯涼後再與蛋液混合，才不會變蛋花湯。

照燒雞腿排

材料（3 人份）

去骨雞腿排	200 克

醃料

鹽	1/2 茶匙
薑（片）	2 片
清酒	1 茶匙

調味料

醬油	1 茶匙
味醂	1 茶匙
糖	1 茶匙

180℃
8 分鐘
專用煎烤盤

步驟

1 雞腿肉加入醃料浸泡，置入冰箱冷藏20分鐘。

2 拌勻照燒調味料，最好稍為加熱讓醬汁變濃稠一點，容易附黏在雞腿排上。或用市售照燒烤肉醬3茶匙取代。

3 專用煎烤盤刷上一層油，放上雞腿排，雞肉表面噴油，氣炸鍋溫度調180度，時間8分鐘。

4 計時器剩餘4分鐘時打開氣炸鍋，在雞腿排正反兩面刷醬，完成前總共刷3次。

5 取出雞腿排，灑白芝麻，完成。

Tips

照燒雞腿不烤焦訣竅：先用鹽巴及辛香料醃雞腿，再烤到快熟時才刷醬汁，掌握焦糖融化時機，便是大快朵頤的最佳時刻。

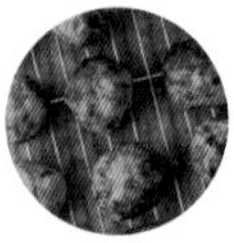

味噌雞肉丸

材料（20 顆）

雞胸肉	300 克
紅蘿蔔（末）	40 克
秀珍菇（末）	40 克
油	少許

醃料

薑（末）	1 茶匙
蔥（末）	1 茶匙
味噌	1 湯匙
清酒	1 湯匙
鹽	1/2 茶匙
糖	1/2 茶匙
全蛋	1 顆
太白粉	1 湯匙
麵包粉	30 克
麻油	1 湯匙

190℃
8 分鐘
專用煎烤盤

步驟

1 雞胸肉放入料理機打成雞絞肉。如果已直接用雞絞肉，則可省略這步驟。

2 雞絞肉放進深碗，與紅蘿蔔及秀珍菇混合。

3 依序放入調味料，攪拌均勻。放置冰箱冷藏20分鐘。

4 手掌沾上些油，取餡料捏成圓球狀或圓餅狀，約可做成20顆。

5 專用煎烤盤刷上一層油，放上肉丸，用氣炸鍋190度時間8分鐘，即完成。肉丸可刷醬烤香作為小菜，也可放入火鍋或麵湯裡當佐料。

Tips

雞胸肉可以雞腿肉或里肌肉代替，或混合 2 ～ 3 種雞肉部位打成絞肉，風味各不同。

風琴酪梨乳酪烤雞胸

將雞胸肉切成風琴狀，便可以填入自己喜歡的蔬菜、水果、乳酪、香料，讓味道平淡的雞胸肉，變得層次豐富，肉質多汁軟嫩，豐富顏色的更添食欲。

材料（2 人份）

雞胸（150 克）	2 片
酪梨	1/2 顆
紅甜椒	1/2 顆
切達乳酪片	2 片
莫扎瑞拉乳酪片	2 片

醃料

橄欖油	2 茶匙
鹽	3/4 茶匙
黑胡椒	1/8 茶匙

步驟

1 酪梨取肉，紅甜椒去籽，分別切成0.4 X 5公分的條狀。乳酪片切1 X 5公分段。

2 冷凍的雞胸肉要徹底解凍並擦乾表面水分。每間隔約2公分切一刀至雞胸2/3的厚度，不要切斷。

3 雞胸肉均勻灑上鹽及黑胡椒，淋上橄欖油，成保護膜，讓雞肉在烤時減少水分流失。冷藏1小時醃制入味。

4 將2片雞胸放在專用煎烤盤上，把酪梨、紅甜椒及莫扎瑞拉乳酪段填進切開的縫隙裡。

5 氣炸鍋先設定170度9分鐘。完成聲音響起，打開氣炸鍋，將莫扎瑞拉及切達乳酪片撕成小塊鋪在雞胸表面。

6 氣炸鍋轉200度烤4分鐘，至乳酪表面烤至金黃便完成。

Tips

兩片雞胸肉的大小及厚度要接近，同放氣炸鍋烤才能熟度一致。可使用市售已調味的生鮮雞胸肉，省略醃制的時間。

巴薩米克醋橙香嫩雞胸

氣炸鍋的穩定溫控，很適合低溫烹調料理，做出舒肥（sous vide）般嫩滑口感。尤其是當雞胸肉遇上果香濃厚的巴薩米克醋及香吉士，烹調時便瀰漫著誘人的果香，入口時果香層次分明，氣炸鍋讓我又迷上雞胸肉料理了！

低溫烹調

材料（3 人份）

雞胸（150 克）	2 片
橄欖油	少許
鹽	25 克
水	250ml

鹽水

鹽	25 克
熱水	100ml
冷開水	150ml

醃料

香吉士	1 顆
巴薩米克醋	1 又 1/2 湯匙
百里香	1 茶匙
蒜（厚片）	3 瓣

70℃
30 分鐘
專用煎烤盤

步驟

1 鹽溶解在熱水，加入冷開水調合成鹽水，放涼後，再把雞胸肉放入，水量需完全蓋過雞肉，冷藏60分鐘。

2 香吉士橫切3片圓形剖面備用；其餘壓成汁與其他醃料的材料混合均勻成醬汁。

3 取出泡完鹽水的雞胸肉擦乾，把香吉士片夾在兩片雞胸中間及外面，放入密封袋中，並倒入醃料，冷藏醃制2小時。

4 將醃好的2片雞胸及香吉士片放在專用煎烤盤上，噴油。氣炸鍋設定70度30分鐘，烤至中心熟透即可。

5 做好的橙香巴薩米克醋舒肥雞胸可直接熱吃、放涼或冷藏後吃。用平底鍋中大火將雞胸每面煎一分鐘至微焦，味道更香。

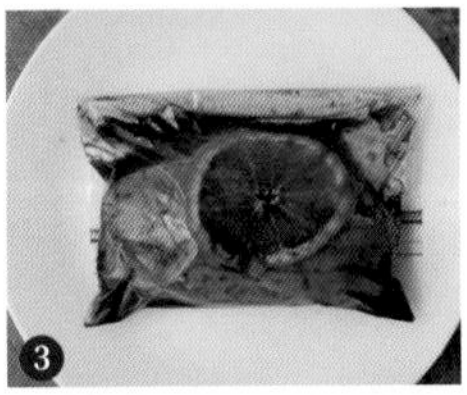

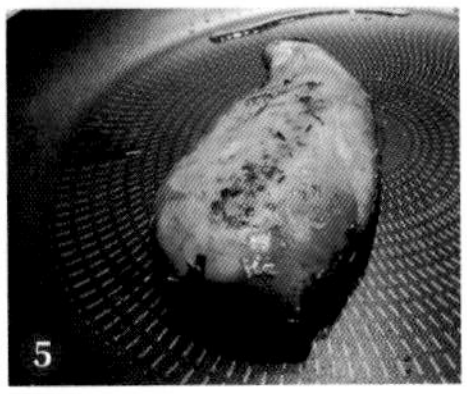

Tips

兩片雞胸肉的大小及厚度要接近，同放氣炸鍋烤才能熟度一致。而醃制的醬汁可加熱收汁變濃後，淋在雞胸肉上，或放涼後，拌沙拉也是美味。

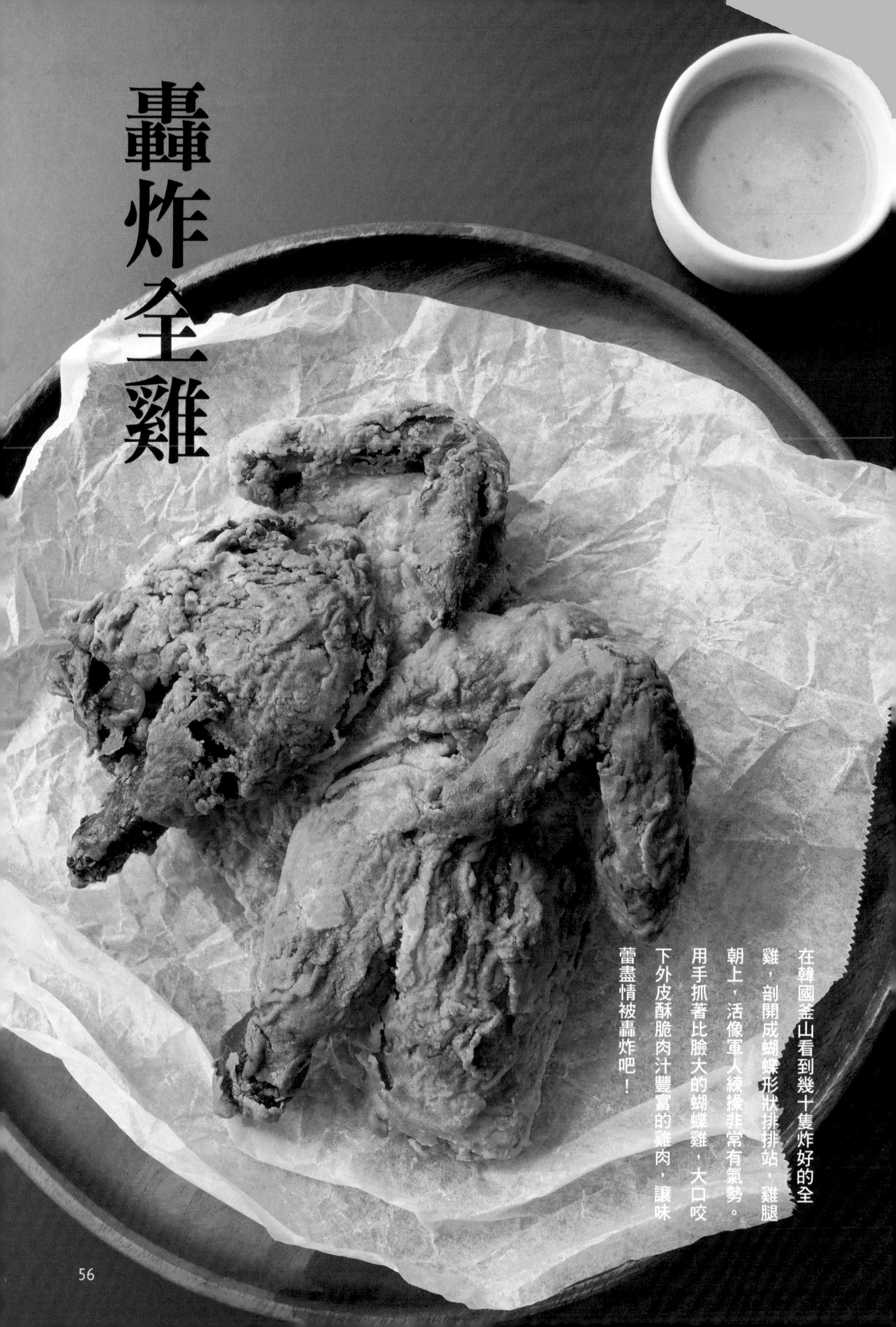

轟炸全雞

在韓國釜山看到幾十隻炸好的全雞，剖開成蝴蝶形狀排排站，雞腿朝上，活像軍人練操非常有氣勢。用手抓著比臉大的蝴蝶雞，大口咬下外皮酥脆肉汁豐富的雞肉，讓味蕾盡情被轟炸吧！

材料（3 人份）

春雞	650 克

醃料

鹽	1 茶匙
起司粉	1 茶匙
糖	2 茶匙
黑胡椒	1 茶匙
檸檬汁	1 顆

麵衣

麵粉	120 克
糯米粉	80 克
玉米粉	100 克
黑胡椒	1 茶匙
鹽	1/2 茶匙
鮮奶	100ml
水	100ml

185℃+200℃
15 分鐘+10 分鐘
專用煎烤盤

步驟

1 用廚房剪刀剪開雞背，從胸口往下壓使全雞平整成蝴蝶狀。

2 擦乾春雞表面水分，抹上醃料，放冰箱冷藏醃漬4小時或過夜。

3 將糯米粉、麵粉及玉米粉全部混合好，分成兩份。1份加鹽與黑胡椒當乾粉，另一份加上牛奶與水做成粉漿。然後春雞先沾上粉漿。

4 再沾上乾粉，所有部位都需沾上，靜置讓乾粉返潮。

5 全雞噴油放入專用煎烤盤，氣炸鍋設定185度15分鐘，再轉200度10分鐘至雞肉熟透及外皮金黃即可。

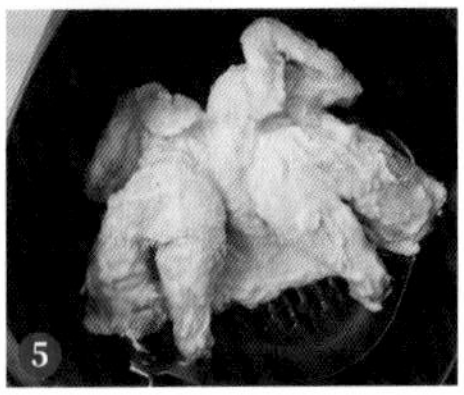

Tips

1. 如果使用大型的雞，可以將全雞剖成兩半，分 2 批炸。
2. 全雞每個地方都要裹上麵衣，鎖住肉汁，吃起來才會皮脆肉嫩。

低溫油封馬告鴨胸

氣炸鍋的溫控科技，以穩定的80度把法國古老的油封料理再度發揚光大，讓台灣在地特色香料——馬告所醃制的本地鴨胸，優雅上桌。

材料（3 人份）

鴨胸（300 克）	2 片
葡萄籽油	300ml

醃料

鹽	1/2 湯匙
馬告	1 茶匙
蒜（片）	2 瓣
月桂葉	1 片

80℃+200℃
80 分鐘+3 分鐘
專用煎烤鍋

步驟

1 馬告壓碎、月桂葉剪碎，與切碎的蒜及鹽混合，抹在鴨胸上，冷藏過夜入味。

2 兩片鴨胸平放進專用煎烤鍋，倒油至蓋住鴨胸。

3 氣炸鍋蓋上防油蓋，以80度80分鐘，完成後即可馬上取出，切片吃也很美味。

4 如果喜歡吃脆皮的口感，則可放在專用煎烤盤，氣炸鍋200度3分鐘，把鴨皮煎香再吃。或在平底鍋上煎也可。

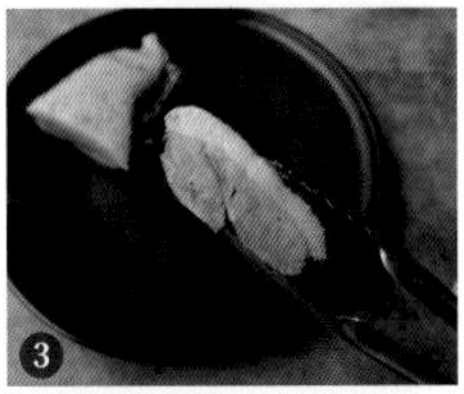

Tips

1. 若沒有馬告，也可以用黑胡椒替代。
2. 油封後的油再過濾可重複使用。

延伸食譜 油封豬舌

豬舌汆燙後刮除舌苔，用叉子在豬舌上刺洞，以鹽巴及辛香料醃過夜後，放入煎烤鍋倒油完全蓋住豬舌，氣炸鍋 80 度 90 分鐘至豬舌可輕易被刺穿，放涼後切片。

JJ 小食堂：何謂法國油封料理？

油封，源自法文「Confit」，為「保存」之意，也可指醃漬，是法國傳統料理的技巧，運用油脂把肉類完全包覆後低溫慢慢煮熟，使肉質變得軟嫩多汁及濃郁。油可以是豬油、鴨油、鵝油、橄欖油及葡萄籽油等均適合。所有食材可預先油封好，再泡回油裡置入密封盒放冰箱冷藏保存數個月，吃的時候再煎熱即可。

越式雙拼：甘蔗蝦及香茅肉串

發現越南菜蠻愛用食材來代替竹籤，一來物盡其用，二來像甘蔗的甜味、香茅的香氣也為食物帶來天然的味道及香氣，好值得學習的料理概念。

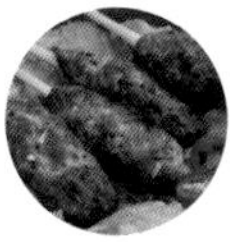

香茅肉串

材料（12 支）

豬絞肉	400 克	新鮮香茅（或竹籤／鐵籤）	12 支
洋蔥（末）	2 湯匙	油	少許
蒜（末）	2 茶匙		
水	2 茶匙		

醃料

香茅粉	1 茶匙	鹽	1/4 茶匙
糖	1 湯匙	太白粉	2 茶匙

200℃
11 分鐘
專用煎烤盤

步驟

1 香茅去掉外面葉片，將莖部連根部切成15公分長，洗淨擦乾。

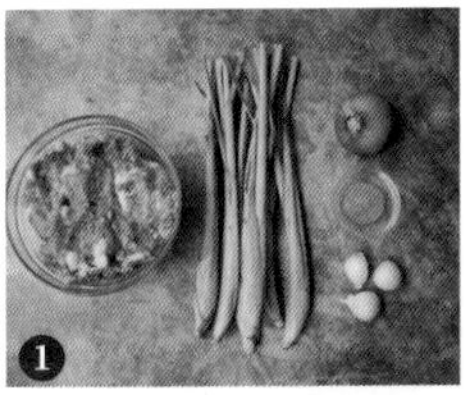

2 豬絞肉加入洋蔥、蒜及所有醃料拌勻，再加水攪拌至產生黏性成糰不會散開即可，放入冰箱冷藏30分鐘。

3 將絞肉分成12份，把1份絞肉包裹在香茅根部，塑形成長橢圓狀，莖部留7～8公分。外露的莖部用鋁箔紙包覆，避免高溫氣炸過程中莖部燒焦變軟。

4 絞肉表面噴上少許油，置入專用煎烤盤，不要重疊，分3批氣炸。

5 氣炸鍋設定溫度200度11分鐘，即完成。取出，灑上檸檬汁或沾越南酸甜醬都美味。

Tips

這道肉串的口感鬆軟但不需彈牙，肉糰攪拌至成糰不散開便可，不需拋甩。

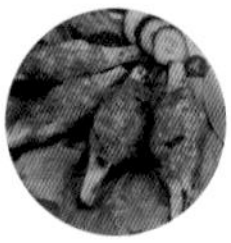

甘蔗蝦

材料（10 支）

蝦仁（去殼）	300 克
甘蔗	2～3 段
九層塔	3 片
油	少許

醃料

糖	1 茶匙
鹽	1/4 茶匙
蛋白	1 顆
太白粉	1 茶匙

200℃
13 分鐘
專用煎烤盤

步驟

1 蝦仁去腸，撒上1／2茶匙鹽搓洗，用水沖洗後瀝乾，並再用紙巾擦乾水分。再用刀身壓扁蝦仁，再剁成泥。

❶

2 將九層塔切成絲，並與醃料依序加入蝦泥拌勻。攪拌均勻至起黏性成糰，將蝦漿拋甩至碗裡數回增加彈性，放入冰箱冷藏30分鐘。

❷

3 甘蔗洗淨、去皮，切成十根大約1公分見方且10公分長的棒子。

❸

4 把蝦漿分成10份，將一份蝦漿放在手掌心壓平，放上甘蔗棒，把蝦漿均勻裹在甘蔗上，兩端留2公分。蝦漿表面噴油。

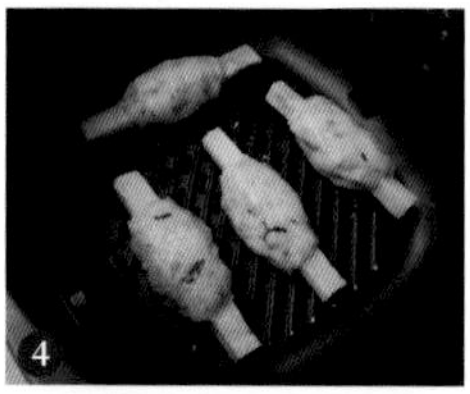
❹

5 專用煎烤盤噴上一層油，將甘蔗蝦置煎烤盤上，不要重疊，氣炸鍋設200度炸13鐘，可分2批氣炸。

❺

Tips

蝦漿可加入豬板油（切小丁）30 克，增添油香。

桂花蜜汁叉燒

台灣豬肉已夠鮮甜及油脂平均，在家裡花點時間醃好，氣炸時烤肉香讓人流著口水期盼，靈機一動刷上桂花蜜，讓港式叉燒散發花香及更添光澤！

材料（4人份）

豬梅花肉（3公分厚）	600克
桂花蜜	1湯匙

醃料

蜜汁烤肉醬	4湯匙
紅麴豆腐乳	1湯匙
醬油	2湯匙
紹興酒	2茶匙
薑汁	2茶匙

步驟

1 豬梅花肉先用醃料拌勻，放入冰箱冷藏醃制最少4小時(或過夜)。

2 在專用煎烤盤上噴油，放進豬梅花肉，豬肉表面噴油。氣炸鍋160度烤20分鐘。剩餘7分鐘時打開刷醃制醬汁，總共刷3次。

3 計時器提示聲響起，將叉燒肉翻面，並把氣炸鍋溫度調至180度，在叉燒肉上刷上桂花蜜，烤5分鐘。每2分鐘翻面及刷桂花蜜。

4 完成後取出放涼後切片。

Tips

剩餘醃制醬汁加熱後放涼就成了叉燒沾醬。

日式叉燒

低溫烹調

利用氣炸鍋的中低溫，
將習慣先煎後滷的日式叉燒，
改為先醃再慢烤的低溫烹調法，
效果超乎預期！
烤好後放涼切片，配拉麵或
自成一菜的多重吃法，
早午晚餐下酒菜很活用。

100℃
70 分鐘
煎烤盤

材料（4 人份）

豬五花肉	850 克
（去皮及去第三層肉後重量）	

醃料

鹽	1 茶匙
黑胡椒	1 茶匙

滷汁

蔥	兩株（50 克）
洋蔥	1/2 顆
薑（片）	6 片
鰹魚醬油	225ml
味醂	2 湯匙
清酒	1 湯匙
水	50ml

步驟

1 豬五花去皮及去第三層肉，洗淨擦乾，抹上醃料。

2 將豬五花捲起綁好。

3 將蔥切段拍扁，與其他滷汁材料全放入萬用鍋，「烤雞」模式煮沸後，放入豬五花卷，按「取消」鍵，讓豬五花卷在鍋裡浸泡放涼，中途不時將豬五花卷翻面。

4 待滷汁完全放涼後，連同豬五花卷一起放入密封袋，豬五花卷必須完全淹沒在滷汁中，放冰箱冷藏一天。

5 隔天取出豬五花卷擦乾，放入專用煎烤盤，氣炸鍋100度70分鐘。

6 熟後用溫度計量測，其肉卷的中心溫度達65℃。

7 烤好後放涼切片。冷吃的叉燒薄片，像西式火腿軟中帶點彈性的口感。

8 放進日式拉麵湯中加熱，叉燒柔嫩入味。

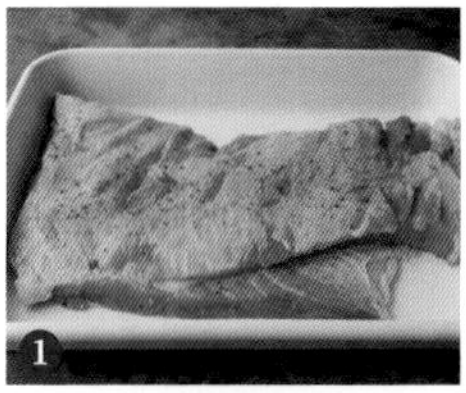
1

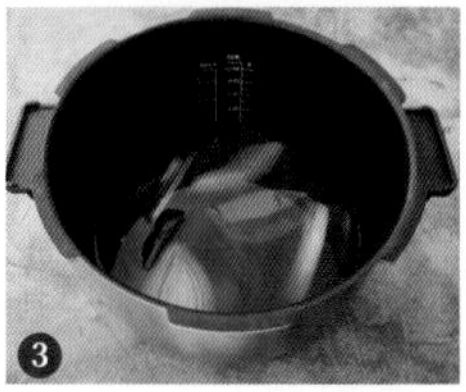
3

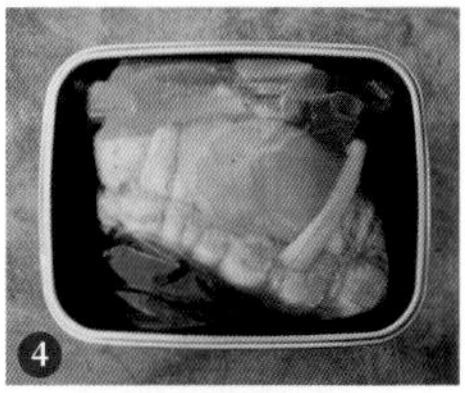
4

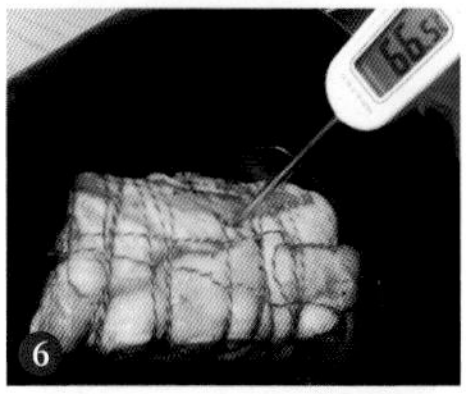
6

8

Tips

1. 用完的滷汁可過濾後冷凍，重複使用。
2. 烤好的豬五花肉卷要放涼後形狀才會固定，才能剪開綁繩切片。

彩椒梅子烤子排

一鍋兩菜

家裡總備著幾種果醋，除了飲用有益身體外，醃肉時加了醋，肉質可軟化及保持水分。利用雙層串燒架，下層的蔬菜吸進上層烤肉滴下的醬汁，一鍋兩菜一次做好！

材料（4 人份）

豬小排	450 克
洋蔥（切塊）	1/4 顆
紅甜椒（切塊）	1/2 顆
黃甜椒（切塊）	1/2 顆
鹽	少許
油	少許

醬汁

豆腐乳	2 塊
梅子醋	2 湯匙
蒜（末）	2 瓣
二砂糖	1 又 1/2 湯匙
黑胡椒粉	1/4 茶匙
香油	1 茶匙

140℃ +180℃

12 分鐘 +8 分鐘

專用煎烤盤

步驟

1 先將醬汁材料拌勻，放入豬小排抓醃，置入冰箱冷藏最少4小時入味。

2 專用煎烤盤上噴油，放進蔬菜，灑少許鹽巴及噴油，拌勻。

3 放入雙層串燒架，鋪上豬小排，表面噴油。氣炸鍋140度，烤12分鐘。

4 計時器提示聲響起，在排骨上刷醬汁，把氣炸鍋溫度調至180度，烤8分鐘，中途在排骨上再刷醬汁1次。

5 完成後與烤好的蔬菜一起盛盤。

JJ 小食堂：烤肉醬裹住肉不流失的祕訣

醬汁中起碼需要一種稠狀調味料，作為讓烤肉醬黏附在肉上的媒介，如中式的豆腐乳，或西式的黃芥末、番茄醬等，讓烤肉味道更顯豐厚。

黃金千層豬排

自從在餐廳吃過酥炸千層豬排後，念念不忘那種酥脆跟肉汁在嘴巴裡交織奔騰的狂野。家裡的豬里肌肉片從此一年四季不可缺，餡料隨手用現有材料發揮，傳統或創意口味都受歡迎。

材料（3人份）

豬里肌火鍋肉片	30片
油	少許

麵衣

玉米粉	1/2杯
蛋（液）	1顆
麵包粉	2杯

餡料

洋蔥	1/3顆
蒜頭	2瓣
甜味咖哩塊	2塊
熱水	40ml
鹽	少許
黑胡椒	少許

200℃
12分鐘
專用煎烤盤

步驟

1 先製作餡料。將洋蔥切小丁，蒜頭切末。咖哩塊加熱水，用湯匙壓碎拌至溶解成糊狀，加入洋蔥及蒜末拌均勻成餡料。

2 保鮮膜鋪平在砧板上，豬里肌片以5片一排共二排方式鋪在保鮮膜上，邊緣需交互重疊，並用鐵匙在重疊處拍打至扁平，形成一張大肉片紙。

3 在肉片面對自己的對角處，取3茶匙餡料鋪在距離對角3公分上面。

4 將保鮮膜把肉片的角連同餡料往前折一層，再將左右兩對角往內折，再依序往前折，最後用保鮮膜裹緊肉卷，冷藏1小時。

5 取出肉卷，正反灑鹽及黑胡椒，並裹麵衣：肉卷先沾玉米粉及蛋液後，沾麵包粉，靜置7～8分鐘反潮。

6 肉卷正反面噴油，放在專用煎烤盤上，氣炸鍋 200度12分鐘。

7 取出炸好的肉卷放涼3分鐘後切開盛盤。

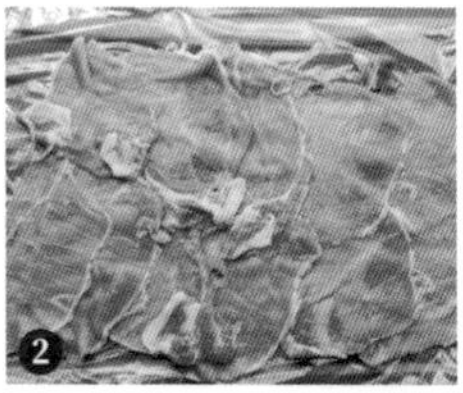
2

3

4

5

6

Tips

餡料可替換成乳酪片、鹽蔥醬、九層塔醬等等，隨自己喜歡。

烤南瓜粉蒸肉

一般粉蒸肉多吃蒸的，吸滿豬肉汁精華的南瓜最為誘人。換作氣炸鍋烤，五花肉多了烤肉香，肉質較蒸的有咬勁，被熱氣旋逼出來的豬油香依舊點亮著南瓜，與蒸的版本真是各有千秋。

材料（3 人份）

南瓜（中型）	1/2 顆	香油	2 茶匙
豬五花肉（去皮）	350 克	蔥（末）	1/2 條
蒸肉粉	2/3 包	辣椒（末）	少許

餡料

醬油	1 湯匙	鹽	1 茶匙
豆腐乳汁	1 湯匙	糖	1 又 1/2 茶匙
酒	3/4 湯匙	薑（絲）	1 茶匙

180℃
20 分鐘
專用煎烤盤

步驟

1 先豬五花肉加醃料抓醃至水分被吸收，放冰箱冷藏醃1小時。

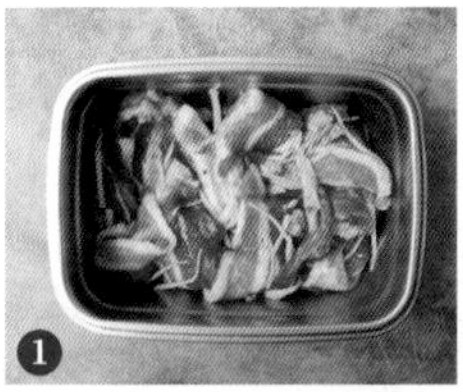

2 南瓜去皮去籽切0.3公分片，放入烤碗。

3 五花肉均勻裹上蒸肉粉，淋香油，放在南瓜上 。

4 烤碗蓋上鋁箔紙，置專用煎烤盤上，用氣炸鍋180度烤10分鐘。

5 取出鋁箔紙，烤碗再以180度烤10分鐘即完成，撒上蔥花及辣椒末，上桌。

Tips

1. 超市買豬五花肉可選燒肉片的厚度，火鍋肉片過薄不適合。
2. 烤碗需耐熱 200 度以上。

延伸食譜 烤地瓜粉蒸肉

當然同蒸的，南瓜也可用地瓜替代，變成烤的地瓜粉蒸肉，吃起來口感更不一樣！

千層牛肉餅

把幾張水餃皮疊起來重新擀平，竟然變出一大張麵皮；放入餡料再折疊，炸過以後脆脆香香像酥皮做的餡餅。餡料可鹹甜葷素，變化多端。水餃皮原來不只是用來包水餃的啊~~

材料（8 顆）

水餃皮	32 張
牛絞肉	300 克

餡料

蔥	2 根
薑片	3 片
水	80ml
五香粉	1/2 茶匙
蠔油	3 茶匙

160℃ +180℃
8 分鐘 +4 分鐘
專用煎烤盤

步驟

1 先將青蔥切成60克蔥末備用。蔥白切段約5公分長並拍扁與薑片，放進水裡浸泡，做成蔥薑水。

2 牛絞肉加入五香粉及蠔油拌勻後，分兩次倒入蔥薑水。

3 持續攪拌至牛肉餡至泥狀後，倒入蔥末拌勻，蓋上保鮮膜置冰箱備用。

4 水餃皮4片疊成一組，每皮層之間噴一下油，手掌輕壓，前後擀時一直轉向以擀成直徑18公分餅皮。

5 從餅皮中心點往外畫一刀。取牛肉餡3湯匙鋪在餅皮3/4區塊，每區塊留間格且留邊。

6 沒有鋪牛肉餡的1/4處往上疊，用手指沾水封好邊。再來以順時鐘方式，將疊好的牛肉餡再疊至另一邊。

7 再疊一次，並利用小碟邊切邊修線。

8 將千層餅放入煎盤，餅皮上下噴油，先氣炸160度8分鐘，再轉180度4分鐘即完成。

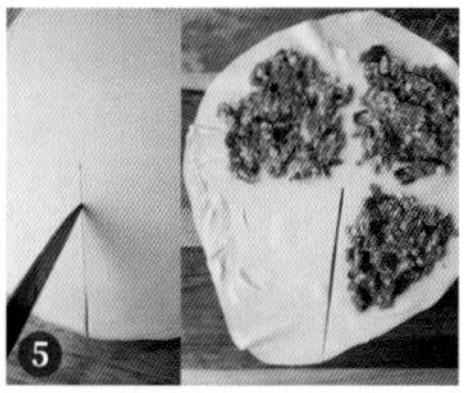

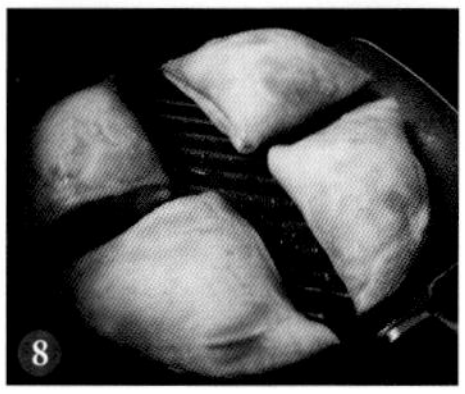

Tips

擀餅皮的時候，擀麵棍把餅皮中心往前推。每往前擀一下，餅皮轉 90 度，便能擀出完美的圓形餅皮了。

延伸食譜　蔬菜千層餅

將高麗菜切丁，加少許鹽巴出水後擠掉水分，與紅蘿蔔丁、香菇丁及雞蛋混合成泥狀，加上適當的調味料拌均勻，取代肉餡，作成蔬菜千層餅。注意儘量少用液狀調味料，避免餡料過稀。

低溫烤
牛排各種熟度呈現

低溫烹調

舒肥口感的厚牛排，竟然可以免用真空包裝，按一下氣炸鍋的低溫及長時間選擇，便烤出內外熟度一致，口感多汁軟嫩的牛排。3公分的菲力、肋眼、或是翼板牛排，不同溫度做出不同熟度的舒肥口感牛排，再放平底鍋煎一下，猶如高級餐廳的烤牛排上桌了！

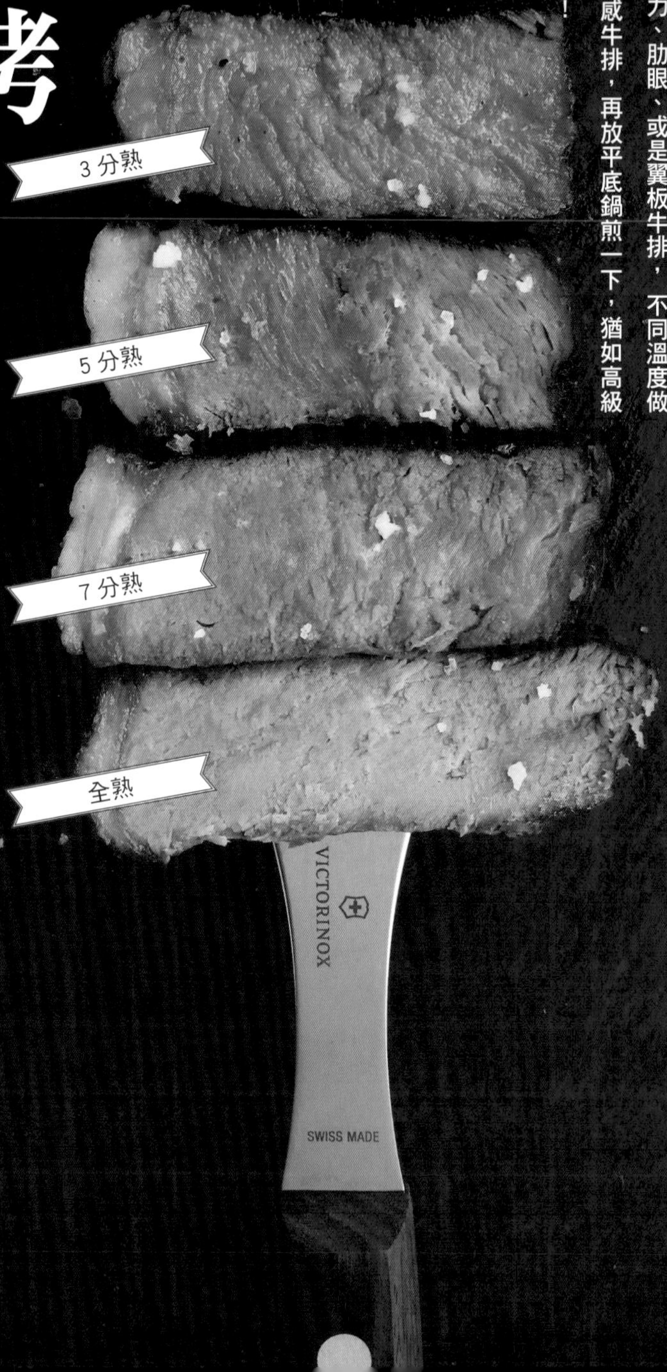

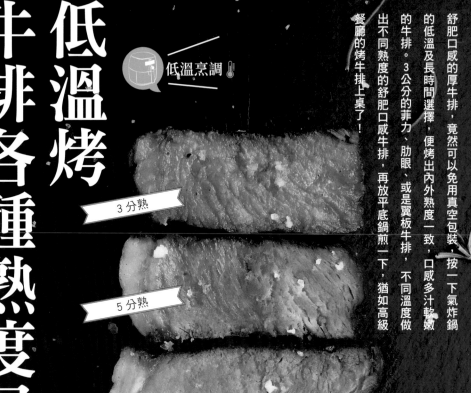

材料（3 人份）

紐約牛排（3 公分厚）	330 克／片
鹽	少許
黑胡椒	少許
橄欖油	少許

3 分熟	5 分熟	7 分熟	全熟
55℃	60℃	65℃	70℃
70 分鐘	70 分鐘	70 分鐘	70 分鐘
專用煎烤盤	專用煎烤盤	專用煎烤盤	專用煎烤盤

步驟

1 牛排放專用煎烤盤上，噴油，依照想要的熟度選擇氣炸鍋55～70度其中一個溫度，時長選70分鐘。

2 完成後取出，用廚房紙巾擦掉表面水分，兩面灑上鹽及黑胡椒。

3 平底鍋倒油大火加熱，放入牛排每面大火煎60秒。

4 取出靜置5分鐘後便可以上桌。

Tips

1. 牛排需先解凍。先低溫烤熱再高溫為表面上色，可讓牛排表面焦脆。也可以先上色再低溫慢烤。不同的牛排厚度需將烘烤溫度時間稍作調整。
2. 牛排靜置，可讓美味肉汁回流到肉中，吃起來肉質更嫩。

香草脆烤羊排

西餐廳[illegible]——香草脆烤羊排，綠色脆皮賣相誘人，脆皮的外層，包裹著爆汁的羊肉，羊脂、嫩肉與香草脆皮交織的味道，真的好吃到讓人回味不已。

材料（2 人份）

羊肩排 6 支	400 克
法式芥末	5 茶匙
橄欖油	1/4 茶匙

醃料

鹽	1 茶匙
黑胡椒	1 茶匙

麵衣

巴西里葉	1 湯匙
迷迭香葉	1 茶匙
百里香碎	1/2 茶匙
麵包粉	1 杯
起司粉	4 茶匙
鹽	1/2 茶匙

200℃+185℃
3 分鐘+8 分鐘
專用煎烤盤

步驟

1 將羊肩排6支切分成3支一份共兩份，也可用羊小排替代。冷凍的羊肩排要徹底解凍並擦乾表面水分。

2 將麵衣所有材料一起放入食物料理機打碎成翠綠色的麵衣。

3 羊排均勻灑上鹽及黑胡椒，醃5分鐘後，放入專用煎烤盤上。氣炸鍋設200度烤3分鐘後取出。

4 羊排肉表面均勻裹上薄薄一層法式芥末。

5 再裹上香草麵衣，手輕壓加強黏合度，靜置反潮10分鐘。

6 將羊排表面噴上橄欖油，放在專用煎烤盤上，氣炸鍋設定185度8分鐘，將羊排烤至麵衣金黃。依羊排大小，可以兩份平放或分上下層一起烤，也可分2次烤。

7 完成聲音響起，取出羊排靜置3分鐘後便可擺盤了！羊肉熟度約為6分熟，如果想要更熟可將烤的時間加長2分鐘。

Tips

1. 羊排要 3 支一起沾麵衣，切開才容易有粉紅色爆汁的熟度。如單支裹麵衣，羊肉容易過熟。
2. 用新鮮的香草做麵衣，顏色比乾燥品翠綠漂亮。

Part3

海鮮料理

鹽焗黑鯛

沒想到氣炸鍋也可以鹽焗吧？
不用一滴油，
也不必忙碌的動用鍋鏟，
只要選條新鮮的黑鯛用
自製的香草鹽厚厚一層
把整條魚包的密不透風，
放進氣炸鍋裡焗烤，美味上桌！

材料（3 人份）

黑鯛 1 尾	280 克	百里香	1/2 湯匙
九層塔	2 湯匙	白胡椒粉	少許
粗鹽	180 克	白酒	少許
蛋白	1 顆		

180℃ +200℃

8 分鐘 +10 分鐘

專用煎烤盤

步驟

1 黑鯛洗淨擦乾，表面淋上白酒。魚腹腔塞進九層塔。

2 蛋白打發，與粗鹽、百里香與白胡椒粉混合成蛋白鹽焗材料。

3 將拌好的蛋白鹽 1/2 份量倒在鋁箔紙上，放上鮮魚，再蓋上剩餘一半的蛋白鹽，務必要把鮮魚完全覆蓋，鋁箔紙邊緣摺疊封緊。

4 將鮮魚連同鋁箔一起放入已預熱 180 度的氣炸鍋中，以 180 度 8 分鐘先烤，再轉 200 度 10 分鐘。計時器提示聲響起，打開鋁箔紙，撥開香料粗鹽，盛盤上桌。

1

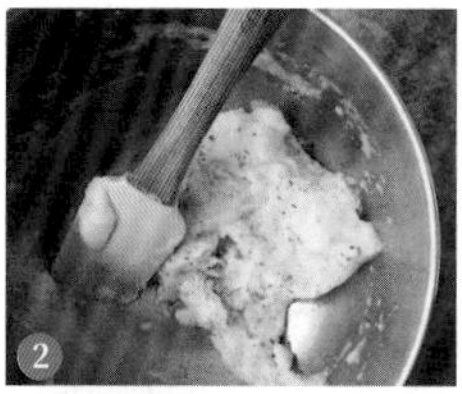
2

3

4

Tips

除了黑鯛，其他適合鹽烤的魚種有紅目鯛、赤鯮、黃雞魚、活鱒魚、薄鹽鯖魚、嘉鱲。

JJ 小食堂：**鹽焗用什麼鹽才好吃？**

注意鹽焗食材，一定要購買食用級的粗鹽！粗鹽是沒經過精製的天然海鹽，才能保留風味，同時也可用來做醃漬食品。

糖酒熏魚

到上海餐館，總愛點熏魚作為前菜。
吸滿酒香及糖醋醬油醬汁後，
魚肉還能保持外酥內嫩，味道濃香。
這道傳統的功夫菜，
在家裡可利用熱脹冷縮的方法，
將氣炸得外脆內軟的魚肉一分鐘迅速入味！

材料（4 人份）

草魚塊 280 克
油 少許

醃料 A

薑片 4 片
蔥 1 根
鹽 1/2 茶匙

醃料 B

花雕酒 1 又 1/2 杯
糖 1 又 1/2 杯
鹽 1/2 茶匙

200℃
23 分鐘
專用煎烤盤

步驟

1 草魚洗淨擦乾，切成 3 塊，每塊 2 公分寬。將醃料 A 的薑片與切段的青蔥拍扁備用。擦乾草魚表面水分，撒鹽後放上薑片與蔥冷藏醃製 20 分鐘。

2 將醃料 B 倒入深碗混合均勻，冷藏備用。

3 草魚放在專用煎烤盤上，表面噴油，氣炸鍋設定 200 度 23 分鐘。

4 烤完後，快速取出魚塊放入醃料 B 浸泡 1 分鐘。

5 浸泡好拿起瀝乾擺盤，即完成。

1

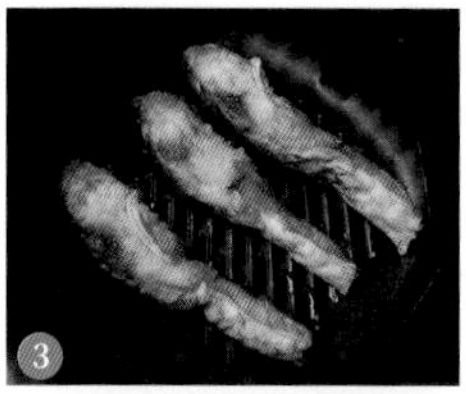
3

4

5

Tips

可一次多做放冷藏，想吃時直接合出來，冰冷吃或用微波爐微微加熱吃，都好吃！

酥烤薑黃鮭魚

「學生時代每天晚餐都是鹽煎鮭魚，
把一輩子的鮭魚配額都吃光了！」
因此長大不再吃鮭魚的朋友到JJ家作客，
我特別做了表皮脆香，
魚肉滿滿薑黃香的鮭魚挑戰她的童年陰影。
「太好吃了，我要學起來，
每天做給我的兒子吃！」她說。

材料（2 人份）

鮭魚（180克/片）	2 片
橄欖油	適量

醃料

鹽	1/2 茶匙
黑胡椒	少許
薑黃粉	2 茶匙
孜然粉	1/2 茶匙

麵衣

麵包粉	3 湯匙
起司粉	1 又 1/2 湯匙
巴西里碎	1/2 茶匙
百里香碎	1/2 茶匙
美乃滋	1 又 1/2 湯匙
黑胡椒	少許

180℃+200℃
7 分鐘+4 分鐘
專用煎烤盤

步驟

1 先將輪切鮭魚對切，得到兩片鮭魚排。並將所有材料備齊。

2 鮭魚擦乾表面水分，抹上醃料，冷藏 15 分鐘入味。

3 把香草麵衣的所有材料混合。

4 將香草麵衣鋪在魚皮上，手輕壓加強黏合度，靜置反潮 10 分鐘。

5 鮭魚四面噴油，魚皮朝上，放入專用煎烤盤。

6 設定 180 度 7 分鐘後，轉 200 度 4 分鐘至表面麵衣金黃，即可盛盤上桌。

Tips

1. 若要給幼童或長輩吃，最好先拔掉鮭魚裡的魚刺比較安心。
2. 香草麵衣的香草組合可依自己喜好調配。

JJ 小食堂：**什麼是鮭魚的「輪切」和「日切」？**

市面上販賣的鮭魚分成「輪切」和「日切」，「輪切」帶骨且旁邊很多刺，而「日切」已去骨且幾乎不帶刺，拿來做排餐是最合適的。「日切」鮭魚可在超市買到，菜市場以賣「輪切」為主。

高麗菜魚卷

關東煮裡我最喜歡高麗菜卷，
高麗菜的清甜搭配魚漿或
絞肉吃起來很清爽！
但這道我做點改良版，
用高麗菜包魚塊去氣炸，
炸完後將翠綠高麗菜葉打開，
淋上特調的日式醬汁，
視覺與味覺雙重享受！

材料（2 人份）

鯛魚塊（80 公克 / 塊）	2 塊
高麗菜葉	2 大片
薑（絲）	少許
蔥（絲）	少許
辣椒（絲）	少許
韭菜（也可用棉繩代替）	兩條

醬汁

鹽	1/2 茶匙
胡椒	少許
破布子	8 顆
破布子醃漬醬汁	2 茶匙
日式醬油	1 茶匙
油	1/2 茶匙

160℃
12 分鐘
專用煎烤鍋

步驟

1 高麗菜葉擺入鍋內燙軟瀝乾，剪掉尾部粗梗，方便捲魚塊。

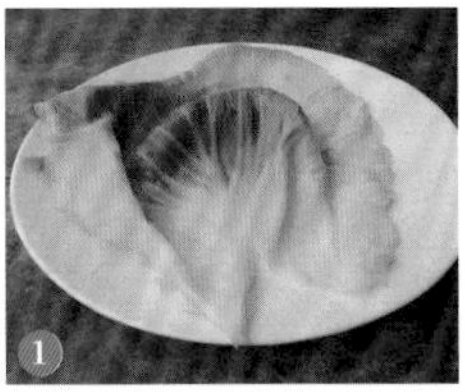

2 鯛魚塊洗淨擦乾，魚塊兩面均勻抹上鹽，再撒上胡椒，放到高麗菜葉中央處，再放上少許薑絲與蔥絲與辣椒絲。最後放上破布子及淋上醬汁、日式醬油與油。

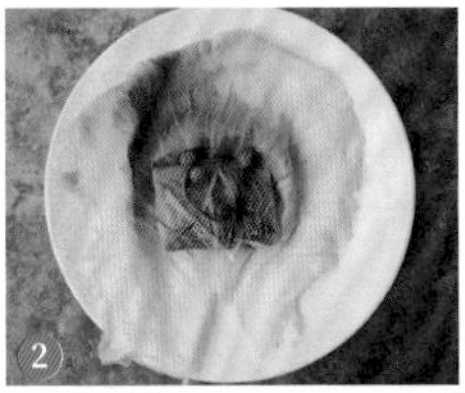

3 高麗菜葉兩邊往內折，再從葉尾往前卷，最後用韭菜綁住但不需要綁緊。專用煎烤鍋內噴油，擺入高麗菜魚卷，表面噴油。氣炸鍋設 160 度 12 分鐘。

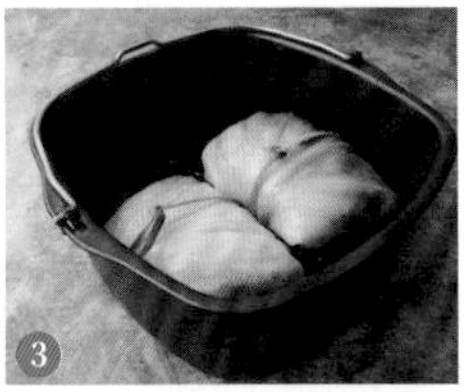

4 盛盤後剪斷韭菜，打開菜葉，專用煎烤鍋內的湯汁淋在魚塊上即完成。

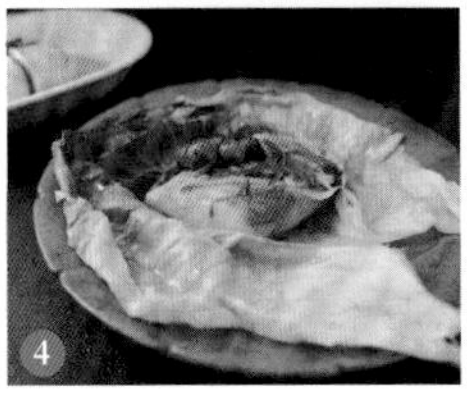

Tips

1. 取出整塊高麗菜葉的方法：料理刀切入高麗菜心的邊緣，取出菜心，接著慢慢剝下完整的高麗菜葉。
2. 為了避免高麗菜葉過乾，只需瀝掉水，不要擦乾。

韓味香辣鱈魚

鱈魚先以甜辣的調味料輕醃，
再裹上鹽味麵衣，細緻的味道層次，
引出鱈魚的鮮甜味道。
香酥的外皮更突顯鱈魚肉的細嫩與多汁，
搭配啤酒、清酒或燒酒，都很對味。

材料（2 人份）

鱈魚 1 片	450 克

醃料

鹽	1/2 茶匙
黑胡椒粉	1 茶匙
蘋果汁	1 湯匙
韓國辣椒醬	1 又 1/4 湯匙

麵衣

日清鹽味炸粉	3 湯匙

180℃
10 分鐘
專用煎烤盤

步驟

1 鱈魚清洗去中骨，去邊鰭，切 3 公分塊擦乾備用。

2 鱈魚倒入鹽與黑胡椒粉抓勻。再倒入蘋果汁與韓國辣椒醬拌勻，放入冰箱醃 20 分鐘。

3 把醃好魚塊個別沾上日清鹽味炸粉，靜置返潮，返潮後魚塊上噴油，氣炸 180 度 10 分鐘。

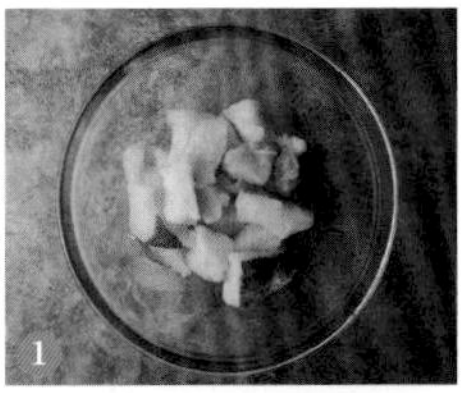
1

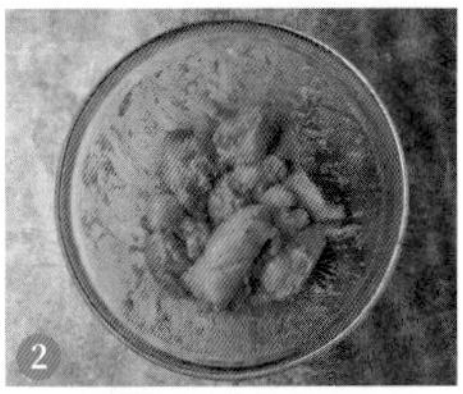
2

3

Tips

1. 鱈魚可用厚身鯛魚、土魠魚、巴沙魚替代。
2. 日清炸粉有多種口味，鹹度不一，可適度調整醃料中鹽及韓國辣椒醬的份量來平衡鹹味。

鹹蛋黃炸魚皮

炸魚皮原是香港常見的小吃，
脆脆的魚皮沾麵湯吃，也可以單吃。
魚皮不值錢，廚師取魚肉打魚蛋，
將剩下的魚皮廢物利用，
裹上粉丟進油鍋炸，
客單價立刻提高幾十塊。
新加坡把這道潮州小吃裹上鹹蛋黃，
全球熱賣，魚皮價值何止翻幾倍啊！

材料（4 人份）

虱目魚皮	300 克
鹽	1/8 茶匙
黑胡椒	1/8 茶匙
玉米粉	適量
辣椒粉	少許

醬料

奶油	2 茶匙
熟鹹蛋黃	2 顆
雞湯	1 茶匙
檸檬皮屑	1/2 顆
九層塔絲	少許

200℃
12 分鐘
專用網籃

步驟

1 虱目魚皮去皮下肉洗淨瀝乾，切成 6 公分段，平鋪在廚房紙巾上，再蓋上一層廚房紙巾，冷藏過夜去除水分。

2 魚皮灑上鹽及黑胡椒，沾上玉米粉。

3 將魚皮正反面噴油，平鋪在專用網籃上，不要重疊。蓋上防油蓋，氣炸鍋 200 度 12 分鐘炸至魚皮金黃香脆，取出放涼。可分 2 ～ 3 批炸。

4 炒鍋放入奶油，小火加熱至融化。放入鹹蛋黃，鍋鏟壓碎，與奶油拌勻。再加入雞湯、檸檬皮、九層塔拌勻。雞湯勿加過量，避免裹醬過程中把炸好的魚皮泡濕。

5 加入魚皮拌勻，起鍋，可灑上辣椒粉即完成。

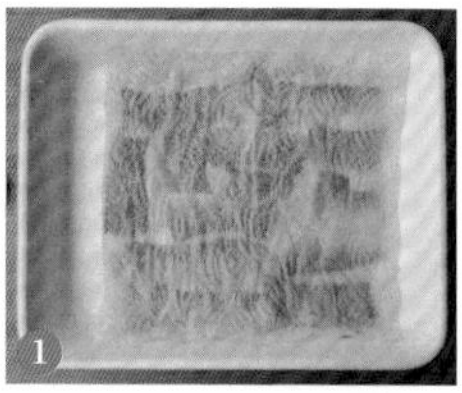
1

2

3

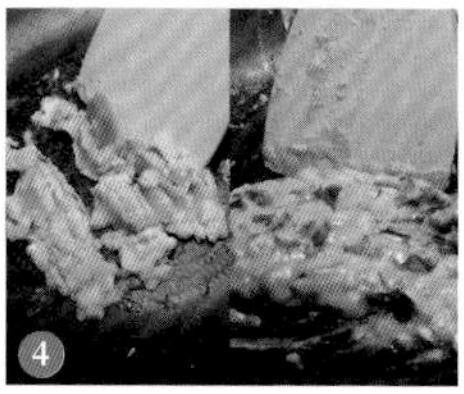
4

Tips

1. 也可用鮭魚皮代替虱目魚皮。若自己取魚皮，記得皮下魚肉要清乾淨，且水分要徹底吸乾，魚皮才會炸得酥脆。
2. 放涼後放入密封盒，如受潮可放回氣炸鍋 200 度 2 ～ 3 分鐘回復脆度。

奶油烤蝦 vs. 奶油香菇

一鍋兩菜

氣炸鍋一鍋做兩菜，
初衷的確是為了節省時間。
但透過不同組合的試驗後，
發現食材之間的施與受會產生出
爆發性的化學效應，
演變出超乎預期的美味！
像烤香菇吸進上層滴下的蝦油後，
味道妙不可言，
這才是一鍋兩菜真正的精髓啊！

・奶油烤蝦

材料（4 人份）

草蝦（連殼連頭）	250 克

醃醬

無鹽奶油（室溫軟化）	40 克	鹽	少許
蒜頭（末）	1 瓣	黑胡椒	少許
香菜（末）	1/2 茶匙	白酒	1 茶匙
羅勒	1/2 茶匙		

200℃
8 分鐘 +5 分鐘
雙層串燒架

・奶油香菇

材料（4 人份）

新鮮香菇（大型）	5 ～ 6 顆
鹽	1/8 茶匙
黑胡椒	少許

步驟

1 草蝦剪掉頭鬚與腳及去沙腸，清洗瀝乾水分後用廚房紙巾擦乾。

2 醃醬拌均勻，放入草蝦裹上醬料，冷藏 15 分鐘。

3 香菇蒂剪短，香菇灑鹽及黑胡椒。

4 專用煎烤盤上噴油，香菇蒂朝上放入香菇，儘量往中間緊靠並保持平放。

5 放入雙層串燒架，鋪上草蝦，把剩餘的奶油醃料，鋪在草蝦上。氣炸鍋設溫度 200 度時間 8 分鐘。

6 取出草蝦，氣炸鍋轉 200 度 5 分鐘，將香菇上的蝦油及汁液烤至入味及微焦即可。

1

2

3

4

5

Tips

1. 草蝦頭部在烤的過程中，與奶油及醃料結合後滴下的蝦油是整道菜的重點，所以蝦子的頭部不能先去掉。
2. 菇蒂朝上，香菇呈碗狀，滴下來的蝦油及醬料好聚集，再讓菇褶吸收。

山葵沙拉蝦球vs.黑糖烤鳳梨

意外得到一箱台南關廟
陸軍山直送的金鑽鳳梨，
酸甜平衡恰到好處，纖維細緻，
香味清新，完全不咬舌！
把鳳梨裹上台灣黑糖烤出深度香味。
脆皮蝦球的沙拉醬拌入
山葵芥末添加清爽感，
送給讓JJ嚐到一輩子難忘鳳梨好滋味的台南讀者。

・山葵沙拉蝦球

200℃
8 分鐘 +7 分鐘
專用煎烤盤

材料（3 人份）

大型蝦子（去殼共 250 克）	10 隻
油	適量

麵衣

樹薯粉	100 克
鹽	1/4 茶匙

醃料

鹽	1/8 茶匙
白胡椒粉	少許

醬汁

山葵芥末	2 湯匙
沙拉醬（原味）	4 湯匙

步驟

1 蝦子去沙腸，泡洗後擦乾水分，加入醃料，冷藏 15 分鐘入味。

2 蝦子沾上麵衣，靜置反潮。專用煎烤盤噴上一層油，放入彎曲的蝦子，正反面噴油，每隻蝦保留少許距離。氣炸鍋 200 度，時間 8 分鐘至蝦子全熟，成蝦球。

3 取出蝦球，將醬汁拌勻，均勻裹在炸蝦球上，盛盤。

2

3

・黑糖烤鳳梨

材料（3 人份）

新鮮鳳梨	1/6 顆
黑糖粉	1/8 茶匙

步驟

1 鳳梨切 1.5 公分厚塊，灑上黑糖粉。

2 放入專用煎烤盤上，氣炸鍋 200 度 7 分鐘。

1

2

Tips

1. 如果買連外皮的整顆鳳梨，可留下部份外殼作為盛盤容器，擺盤更有氛圍。
2. 烤鳳梨可與拌入沙拉醬的炸蝦子夾在一起吃，或分開品嘗。

蒜辣烤龍蝦尾

節慶能讓客人哇哇尖叫的菜式，
龍蝦絕對是數一數二的霸氣！
運用已處理好的冷凍龍蝦尾即省事又好吃，
只要學會食譜裡取肉的簡易方法，
烤龍蝦尾會變成自己的拿手好菜。

材料（2人份）

龍蝦尾	2尾
海鹽	1/8茶匙
黑胡椒	少許
巴西里	少許
檸檬角	1/2顆

醬料

無鹽奶油	30克
紅椒粉	1/4茶匙
卡宴辣椒粉	1/4茶匙
蒜（末）	1茶匙
檸檬汁	1/2顆

200℃
9分鐘
專用煎烤盤

步驟

1 先龍蝦尾解凍。用廚房剪刀從龍蝦背部將殼剪開，將龍蝦肉拉出覆蓋在殼上，尾巴肉保持在殼內。

2 龍蝦肉上灑上少許黑胡椒。

3 奶油隔熱水融化，將醬料材料混合拌勻，抹在龍蝦肉上。

4 將兩尾龍蝦連殼放在專用煎烤盤上，龍蝦肉上噴油，氣炸鍋200度9分鐘烤至熟。

5 擺盤時撒上巴西里及檸檬汁添香。

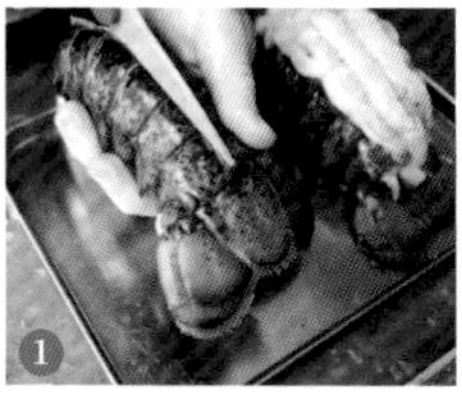
1

2

3

4

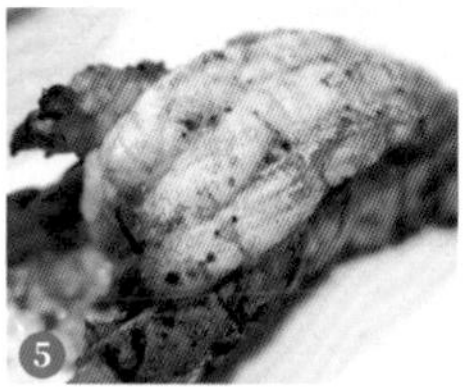
5

Tips

要用高溫烤，龍蝦肉才會保持水分，肉質Q彈。連龍蝦殼烤，可加添龍蝦香氣。

180℃+200℃

10 分鐘+5 分鐘

專用煎烤盤

臘腸花枝卷

炸得香脆的皮、彈牙的海鮮漿、臘腸的甜美鮮肉滋味竟然這麼合拍，在香港的餐廳吃過一次便念念不忘！顏值高，外表像大廚手工菜，做起來竟然比做壽司卷簡單，宴客菜表單再添一道。

材料（2 ～ 3 人份）

港式臘腸（50 克／條，蒸熟）	2 條
花枝漿	300 克
太白粉	1/4 茶匙
油	適量

麵衣

麵包粉	40 克

步驟

1 先將臘腸蒸熟，表面的油用廚房紙巾吸乾，灑上少許太白粉。

2 裹上花枝漿，塑成圓棒狀，均勻沾上麵包粉。再放在隔著保鮮膜的壽司竹簾上滾動讓造型更工整。

3 放在保鮮盒裡，進冰箱冷藏 20 分鐘定型。

4 專用煎烤盤噴上一層油，將花枝卷表面刷上油，2 條花枝卷放入煎烤盤上，氣炸鍋 180 度 10 分鐘，翻面，再 200 度炸 5 分鐘。稍為放涼後切 1.5 公分片盛盤。

Tips

1. 港式臘腸選偏瘦的，偏肥的臘腸會造成餡裡過多油脂。臘腸不要選彎曲的，全直的才方便包餡。
2. 細的麵包粉炸起來薄脆的口感更好，可以把市售麵包粉放塑膠袋裡敲碎。

黃金烤透抽

台式熱炒店裡重味道熱騰騰的料理，搭配生啤酒，是下班後聚會的首選，超馬先生總愛點這道烤得金黃的透抽，發現單純的蛋香原來可以是極好的調味料！

材料（2 ～ 3 人份）

透抽（中型）	150 克

醃料

鹽	1/2 茶匙
胡椒粉	少許
米酒	少許

醬汁

雞蛋黃	1 顆
高湯粉	1/4 茶匙

步驟

1 將鹽及胡椒粉均勻抹在透抽上醃制，灑上少許米酒添香氣，冷藏 10 分鐘。

2 蛋黃加入高湯粉拌均勻成刷醬。

3 透抽縱向插上金屬籤，防止透抽在烤的過程中捲起。

4 將透抽放在煎烤盤上，朝上的面刷上蛋液。

5 氣炸鍋設 180 度 6 分鐘，計時器倒數 4 分鐘及 2 分鐘時刷兩次蛋液。

6 完成聲音響起，打開氣炸鍋，取出透抽，拔出金屬籤，即可切塊分享。

照燒透抽鑲飯

視覺浮誇的鐵板透抽鑲飯，
透抽被塞得身體鼓脹，
捧在手上總吸引無數羨慕的眼神。
下班經過超市買一盒冷凍炒飯及透抽，
把飯使勁往透抽身體塞到快爆開的時候，
會覺得很有成功感啊！

材料（2 人份）

透抽 1 隻	300 克
冷凍炒飯	100 克
照燒或韓式烤肉醬	2 湯匙
白芝麻	少許
蔥（花）	少許

180℃
10 分鐘
專用煎烤盤

步驟

1 透抽取出內臟，清洗乾淨，擦乾水分，並將冷凍炒飯解凍。

2 將炒飯放進透抽身體內，用湯匙將飯壓到尾端，儘量塞緊。開口留 1 公分不要塞滿，用牙籤把開口封緊。

3 專用煎烤盤噴上油，放入透抽身體及頭部，氣炸鍋 180 度 10 分鐘。

4 計時器倒數 5 分鐘時，打開氣炸鍋，在透抽身體及頭部分別刷上烤肉醬。續烤 2 分鐘，翻面刷醬。最後一分鐘再翻面及刷醬。

5 完成後盛盤，灑上芝麻及蔥花。

1

2

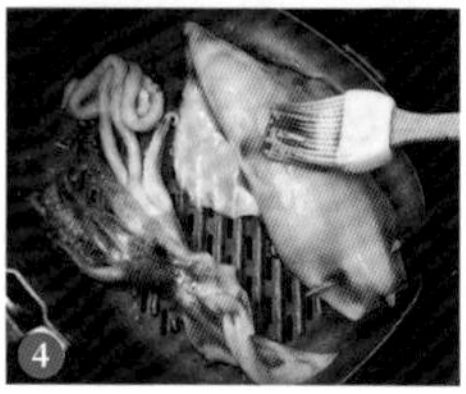
4

Tips

從冰箱取出的冷飯必須回溫後才好塞滿透抽。直接放入冷飯的話，切片時飯粒會掉。

吉利炸牡蠣

吉利炸牡蠣讓我愛上吃蠔！
以前我跟很多朋友一樣，
不能接受生蠔，口感滑滑好怪異，
滿口腥味，整顆用吞才能下嚥。
但脆的炸牡蠣，完全不一樣，
咬下去只覺得鮮甜萬分，
滿口海洋的香氣，
不管是蚵仔酥還是炸牡蠣，
自己就能清光一盤!!

材料（2人份）

去殼生蠔（共 240 克）	8 顆
全蛋	1 顆
麵粉	1/4 杯
麵包粉	3/4 杯
鹽	1/4 茶匙

200℃
5 分鐘
專用煎烤盤

步驟

1 清洗生蠔，擦乾備用。全蛋打散，鹽加入麵粉拌勻。

2 生蠔先沾麵粉薄薄一層，再沾蛋液，後沾麵粉靜置返潮。

3 噴油在專用煎烤盤上，擺入生蠔，麵包粉上須均勻噴上油。

4 氣炸 200 度 5 分鐘即完成。

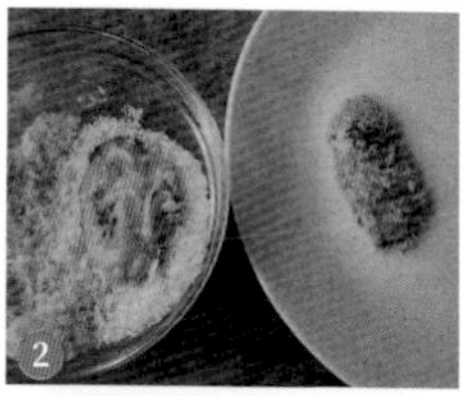

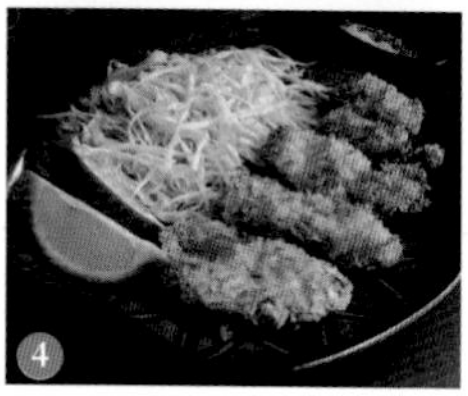

Tips

天氣熱時，需用冰水洗生蠔，保持鮮度。

七味椒鹽 酥炸九孔

在台灣首次參加的辦桌式婚宴，
台上清涼辣妹舞團賣力表演，
我卻眼睛只盯著桌上的鹹酥九孔，
每顆都很肥美，跟我常懷念的
香港星級海鮮餐廳的
椒鹽九孔一樣美味！
現在台灣超市也買到九孔，
自己做也不難啊。

材料（3 人份）

九孔（小鮑魚共 230 克）	10 隻
蔥（末）	3 湯匙
蒜（片）	1 湯匙
紅辣椒（末）	1/4 茶匙
鹽	1/2 茶匙
黑胡椒	1/2 茶匙
七味粉	1/4 茶匙
白胡椒粉	1/4 茶匙

醬料

樹薯粉	3 湯匙
太白粉	1 湯匙

200℃+180℃

7 分鐘+4 分鐘

專用煎烤盤＋專用煎烤鍋

步驟

1 九孔用牙刷清理刷乾淨，特別是周圍邊緣。

2 湯鍋水燒開後關火，倒入九孔燜 1 分鐘，挖出九孔肉清除內臟，將九孔肉與外殼分別用涼水沖洗擦乾備用。

3 將麵衣混合，九孔肉均勻沾粉，整隻都需沾上。

4 靜置返潮後，將九孔肉整隻噴油，放入專用煎烤盤，氣炸鍋設 200 度 7 分鐘。

5 將蔥末、蒜末、紅辣椒末放入專用煎烤鍋，噴油拌勻，蓋上防油網，氣炸 180 度 2 分鐘爆香。

6 倒入九孔肉拌勻，再氣炸 180 度 2 分鐘，倒入鹽、黑胡椒、七味粉、白胡椒粉等調味料拌勻，放回外殼內擺盤。

Tips

食譜使用的是中小型九孔，大型九孔的氣炸時間需自行增加。

Part4

蛋豆蔬食

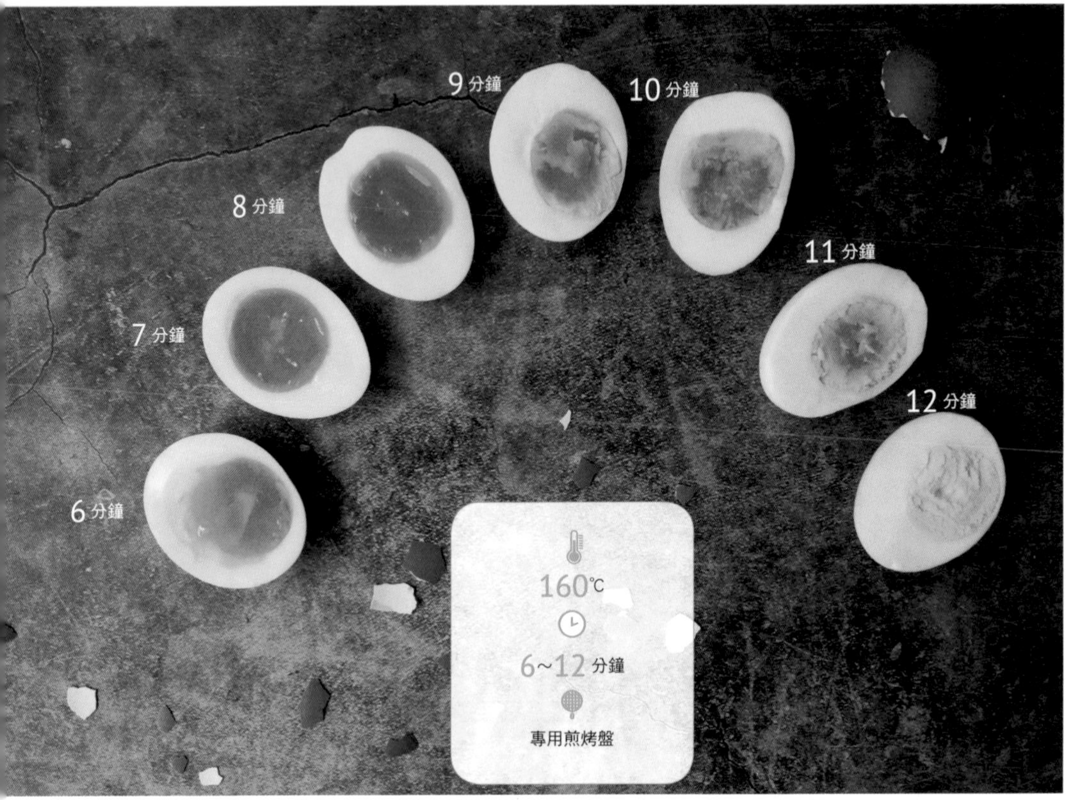

溏心蛋的水煮時間表

水煮溏心蛋要做到每次完全一樣的熟度實在不容易。自從利用氣炸鍋精準溫控，真的每次每顆都一模一樣的流心！一次做好十顆八顆溏心蛋，放進特調的滷汁裡，中式醉香蛋、日式黃金蛋、韓式麻藥蛋都是很受歡迎的常備菜。

材料（1 人份）

雞蛋（58 ～ 59 克／顆）7 顆

步驟

1 雞蛋從冰箱取出，置室內或泡溫水回溫，避免雞蛋因快速熱脹冷縮而爆裂。

2 把雞蛋放專用煎烤盤上，同時放入一顆至數顆雞蛋。

3 氣炸鍋設 160 度，時間依照自己喜歡的熟度，選擇 6 分鐘蛋黃可流動，到 12 分鐘全熟。

4 計時器提示聲響起，立刻取出雞蛋，泡冷水後剝殼。

Tips

雞蛋若重量較輕或較重則需自行適度縮短或延長氣炸鍋的時間。當計時器提示聲響起，要馬上取出雞蛋，避免在氣炸鍋裡繼續受熱熟成。

160℃

8~9 分鐘

專用煎烤盤

材料（1 人份）

雞蛋（58～59 克／顆）	6 顆

醬汁

糖	8 湯匙
熱開水	30ml
醬油	150ml
蒜（末）	5 瓣
青辣椒（末）	2 條
紅辣椒（末）	1 條
蔥（末）	4 根
白芝麻	1 又 1/2 湯匙
冷開水	120ml

韓國麻藥溏心蛋

不管多愛做菜，偶而也會出現「主婦怠倦感」。這時我會用最少的力氣，做一大盒韓式麻藥蛋。把太陽般燦爛的溏心蛋送進嘴裡，裹上甜辣醬汁的麻藥蛋發揮著療癒的魔力，情緒跟著慢慢恢復。

步驟

1. 取密封保鮮盒，放入糖與熱開水拌至溶解後，加入其他醬汁材料拌勻。
2. 雞蛋從冰箱取出，置室內或泡溫水回溫後放到專用煎烤盤上。氣炸鍋設 160 度 8～9 分鐘（或更長的時間達到自己喜歡的熟度）。
3. 計時器提示聲響起，立刻取出雞蛋，泡冷水後剝殼，並放入醬汁裡，蓋上蓋子，冷藏一天至入味。

延伸食譜 中式醉香蛋&日式黃金蛋

把麻藥蛋的醬汁換掉，就可以做出不同口味的溏心蛋，像是用 4 湯匙醬油、4 湯匙清酒、3 湯匙味醂加上水 250ml 就可以做出「日式黃金蛋」；又如將 300ml 花雕酒加上 300ml 雞高湯，再放些紅棗及枸杞、少許鹽，就能泡出「中式醉香蛋」。

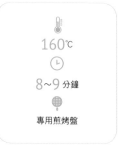

溫泉蛋

只要加上一顆溫泉蛋，不管多簡樸的日式料理，那怕是一碗白飯，或是一碗烏龍麵還是蕎麥麵，馬上都引人食欲大增。低溫料理的溫泉蛋，用氣炸鍋做也是永遠零失敗的。

材料（1 人份）

雞蛋（58～59 克／顆）1 顆

步驟

1 雞蛋從冰箱取出，置室內或泡溫水回溫。

2 把雞蛋放專用煎烤盤上，同時放入一顆至數顆雞蛋。

3 氣炸鍋設 70 度 23 分鐘。

4 計時器提示聲響起，立刻取出雞蛋，避免在氣炸鍋裡繼續受熱熟成，泡冷水至全涼後剝殼倒出。

茶碗蒸

女兒小時候常去的日式餐廳經理一看到她，就會笑說：「芝麻蛋丼飯的芝麻要多一點，多一點啊！」Menu 裡根本找不到「芝麻蛋丼飯」，女兒點的是日本茶加白飯，飯上要灑上很多黑芝麻！

材料（2 人份）

雞蛋	2 顆
蟹肉棒	2 條
鴻喜菇	6 條
蔥（花）	2 茶匙
鰹魚高湯	110ml

步驟

1 蛋液（2 顆蛋共 110ml）打勻，加入 1：1 份量的鰹魚高湯再打勻。

2 蛋液過篩倒進 2 個蒸蛋杯，篩網上殘留的蛋清倒掉。

3 把鴻喜菇及半根蟹肉棒放進蛋液裡。

4 先把專用煎烤鍋放入氣炸鍋。每個裝了蛋液的杯子蓋上鋁箔紙並把邊緣捏緊後，放入專用煎烤鍋，在煎烤鍋邊注入熱水至杯子一半高度（水浴法）。關上氣炸鍋。

5 氣炸鍋設 180 度 13 分鐘。接著打開鋁箔蓋放入剩餘的蟹棒及蔥花，再蓋上鋁箔蓋，氣炸鍋 180 度再 3 分鐘便完成。

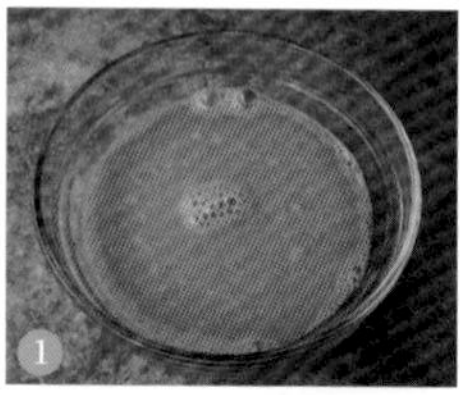
1

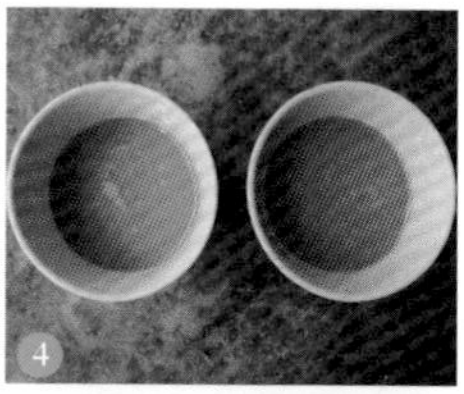
4

5

Tips

也可以把除蔥花以外的配料全放入蛋液，直接設氣炸鍋 180 度 16 分鐘，完成後再灑蔥花。這食譜所列的蛋液跟水的比例是 1：1，喜歡更水嫩的口感可以將比例增加到 1：1.5。

饅頭夾厚蛋

常在早餐店跟豆漿店之間，不知道如何選擇。
吐司的蛋可以像豆漿店有蔥香嗎？
饅頭為什麼沒有夾火腿、夾玉米呢？
用烘蛋的手法，蔥蛋多加了
火腿跟玉米，厚蛋夾進饅頭時
覺得自己也可以開特式早餐店了。

材料（1人份）

饅頭	1顆	火腿（丁）	2片
雞蛋	2顆	鮮奶	1湯匙
蔥（末）	3湯匙	鹽	少許
玉米粒	4湯匙	油	少許

160℃
7分鐘
專用煎烤鍋

步驟

1 雞蛋加入牛奶打發，放入蔥、玉米、火腿及鹽巴拌勻。

2 專用煎烤鍋刷上一層油，倒入蛋液，氣炸鍋設160度烤7分鐘。

3 計時器倒數4分鐘時，按旋鈕暫停，打開氣炸鍋用筷子由內往外畫圈攪拌蛋液幾下繼續加熱至完成。

4 取出烘蛋，切塊夾進蒸熱的饅頭便完成。

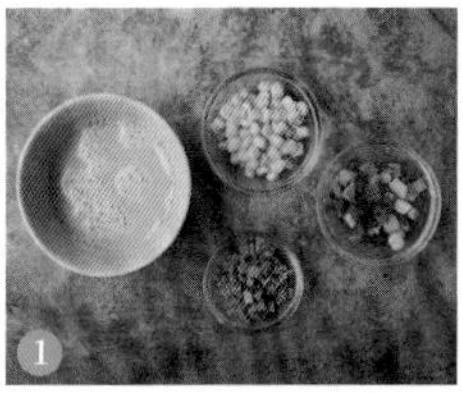
1

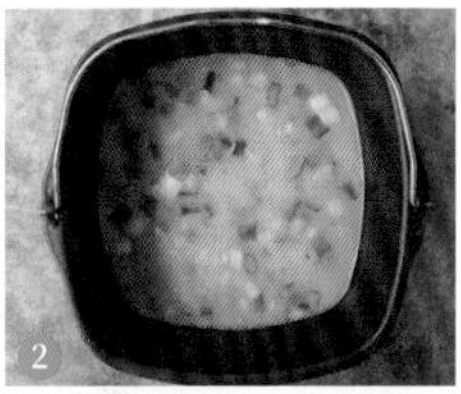
2

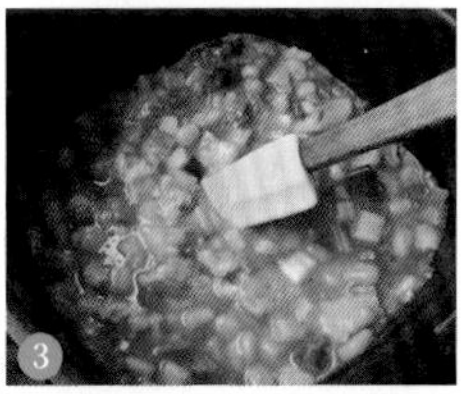
3

4

Tips

1. 烘蛋用於夾饅頭或吐司做漢堡時，不需用高溫把表層烤至金黃。
2. 蛋液加入鮮奶可讓烘蛋增量，口感更滑嫩。

延伸食譜 炸饅頭

饅頭放在網籃中，表面噴油，氣炸鍋設180度烤6分鐘至金黃色，完成後可夾餡，或淋上煉乳花生醬更美味。

明太子豆腐餅

海苔香鬆絕對是媽媽的萬能法寶，
只要灑在米飯上，孩子就會乖乖吃飯。
朋友孩子非常愛吃明太子義大利麵，
但不肯吃豆腐，試過JJ這一招後，
明太子豆腐竟變成孩子心中的媽媽拿手菜式了

材料（3 人份）

板豆腐（400 克）	1 盒	日式醬油	1 茶匙
明太子香鬆	2 包	麵粉	1 湯匙
雞蛋	1 顆	太白粉	1 湯匙
蔥（末）	1 湯匙	油	1 茶匙

150℃ +180℃

5 分鐘 +7 分鐘

長型烘烤鍋

步驟

1 板豆腐壓重物出水，倒掉水分。

2 用叉子壓碎豆腐，邊壓邊把多餘的水分倒掉。

3 拌入香鬆、雞蛋，及其餘材料，油最後加入拌勻。

4 長型烘烤鍋裡面噴油，倒進豆腐，表面噴油。

5 放入氣炸鍋，150 度烤 5 分鐘後，轉 180 度 7 分鐘至表面金黃。

6 倒出切片，盛盤，可以單吃或沾醬。

7 也可切片後，平鋪在專用煎烤盤上，噴點油，200 度 4 分鐘煎至微焦，口感更好。

Tips

各種香鬆都可使用。同時，豆腐要擠出水分才好重組成型。

延伸食譜 豆腐春卷

也可以把<步驟 3 >的豆腐餡料放入春卷皮中，捲成長條形後，以麵糊封口，表面刷油，放入專用網籃裡進入氣炸鍋，以 200 度炸 8 分鐘至金黃色，取出即可。

炸蔬菜豆皮卷

很愛吃素食炸物，
可惜油炸豆類製品非常吸油，
所以想吃卻不敢碰。
氣炸鍋解決這個苦惱，
氣炸後的豆皮酥脆無油膩感，
蔬菜甜味更凸出，
是素食或蔬食者的好夥伴！

材料（4 人份）

豆皮	5 片
紅甜椒	1/4 顆
玉米筍	2 條
四季豆	6 條
海苔	5 張
香菇高湯粉	1/4 茶匙
油	少許

醃料

香菇高湯粉	2 茶匙
水	4 茶匙

190℃
13 分鐘
專用煎烤盤

步驟

1 將高湯粉溶於水成豆皮醃料，攤開豆皮，在朝內的一面均勻抹上適量的豆皮醃料。

2 蔬菜切成同豆皮寬度，灑上高湯粉。

3 海苔鋪在豆皮上，放上適量蔬菜，捲成一卷。

4 豆皮卷好後，收口朝下，平放在專用煎烤盤上，表面噴油，氣炸鍋設 190 度 13 分鐘炸至金黃。

5 完成後取出切段，可沾番茄醬吃。

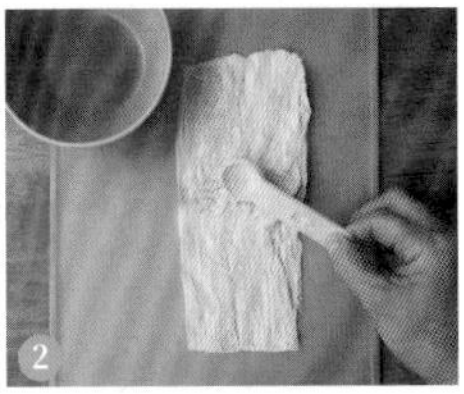

延伸食譜 豆腐脆片

板豆腐切 0.3 ～ 0.5 公分薄片，放廚房紙巾上吸乾水分。兩面噴油置煎烤盤，架上雙層串烤架防豆腐片被氣旋吹起來。氣炸鍋 160 度 10 分鐘炸至金黃焦脆。取出均勻灑上香料鹽，放涼便成。

皮蛋番茄炸豆腐

紅黃綠白黑的華麗五色版皮蛋豆腐，在與酸甜鹹辣鮮的味道交融，冷醬汁沖擊著冒著熱氣的脆皮豆腐，就再也回不去原來的黑白世界！

200℃

12 分鐘

專用煎烤盤

步驟

1 洋蔥末泡水 30 分鐘去辣味。擠乾水分。

2 豆腐用重物壓在上面，擠出豆腐水分。用廚房紙巾吸乾豆腐表面水分，裹上太白粉，靜置 10 分鐘反潮。

3 醬料拌勻，冷藏備用。

4 專用煎烤盤上噴油，豆腐正反及側面噴油，氣炸 200 度 12 分鐘。

5 計時器提示聲響起，取出金黃的脆豆腐盛盤。

6 豆腐頂部劃十字至豆腐 2/3 的深度，但不要切到底。豆腐表面依序鋪上皮蛋、番茄、洋蔥、及香菜，最後淋上醬汁。

Tips

食譜裡將整塊豆腐炸，也可切成 4 塊分別沾粉後炸。

材料（1 人份）

豆腐	1 盒
小番茄（丁）	5 顆
皮蛋（丁）	1 顆
洋蔥（末）	1 湯匙
香菜（末）	1/8 茶匙
太白粉	3 湯匙

醬汁

醬油	1 湯匙
糖	1 又 1/2 茶匙
白醋	2 茶匙
鹽	少許
蒜（末）	1 瓣
香油	1 湯匙
辣油（可省略）	2 茶匙

蒜香烤茄子

用最原始的方法烤茄子，是我目前最喜歡的吃茄子方法。整個茄子先刺洞，置氣炸鍋烤 20 分鐘，取出切開，淋上醬汁便可擺盤上桌。喜歡特殊風味的人，不妨試著在醬汁基底，加上少許花椒粉、孜然粉，便是成都大排檔風味。

180℃
25 分鐘
專用煎烤盤

步驟

1 茄子用牙籤刺洞，避免氣炸時茄子爆開。
2 茄子表面噴油，放入專用煎烤盤，氣炸鍋溫度 180 度 20 分鐘。
3 醬汁拌勻備用。
4 取出茄子，煎烤盤鋪上鋁箔紙，放上茄子，剖開但不切斷。攤平，在茄子肉上劃刀痕。
5 淋上醬汁，放回氣炸鍋 180 度烤 5 分鐘便完成。

材料（2 人份）

圓形茄子	300 克
油	少許

醬汁

蒜（末）	3 瓣
蔥（末）	1 湯匙
辣椒	少許
醬油	2 湯匙
鹽	1/8 茶匙
糖	少許
油	1 湯匙

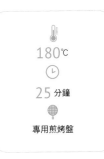

素肉餅漢堡

周遭有些吃素的朋友，
或是有宗教、健康的考量，
或是有一顆愛護動物的心，我呢？
則是覺得每週來一天素食日，
可以讓自己的身體減少負擔。
其實，吃素也是能夠滿足口腹之慾的，
忍不住就自己研發了一道素肉排食譜，
是素食，也是速食。

材料（4 人份）

地瓜	110 克
洋蔥（切短絲）	1/2 顆
鹽	1/4 茶匙
黑胡椒	少許
香菇	125 克
鹽	1/4 茶匙

醃料

蘋果醋	1/2 茶匙
薑黃	1/2 茶匙
紅椒粉	1/2 茶匙

漢堡

漢堡麵包	3 個
番茄（片）	少許
洋蔥（片）	少許
苜蓿芽	少許

170℃
20 分鐘
專用煎烤盤

步驟

1 地瓜蒸熟，或用氣炸鍋以 180 度烤 20 分鐘至熟。

2 洋蔥放置萬用鍋炒至淡黃色，加入鹽與黑胡椒，繼續炒至黃褐色，取出備用。

3 香菇放置萬用鍋炒至出水，等到水分幾乎收乾後，加入鹽與黑胡椒，輕輕拌炒，取出。

4 攪拌鋼盆放入熟地瓜、豆腐搗成泥。

5 地瓜豆腐泥加入薑黃、紅椒粉、醋、炒熟的洋蔥與香菇，混合均勻。

6 將上述混合好的蔬菜泥，均勻分成 3 等分，分別揉成圓餅，放入冰箱冷藏 15 ～ 20 分鐘。

7 專用煎烤盤上噴油，放上素肉餅，肉餅表面噴少許油，氣炸鍋 170 度烤 20 分鐘至表面金黃微焦。

8 拿出市售的漢堡麵包，從中間對切後，夾入烤好的素肉餅，再疊上番茄片、洋蔥片、苜蓿芽，即完成。

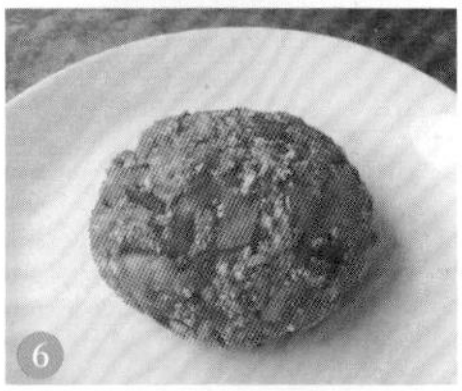

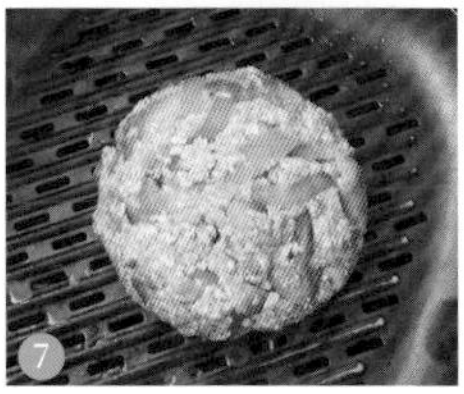

Tips

洋蔥及香菇必須炒至出水，組成肉餅後，才不會因水分過多難以成型。

玉米脆餅&白花椰菜脆餅

炸得香酥的玉米餅，
是大人、小孩都愛的一道蔬食點心。
從玉米開始，我嘗試用不同的
蔬菜來做脆餅，連白花椰菜
也可切成菜末，取代玉米，
愈吃愈健美。

白花椰菜脆餅

玉米脆餅

・玉米脆餅

160℃+190℃
5 分鐘+4 分鐘
專用煎烤盤

材料（4 人份）

玉米粒	120 克
蔥（末）	2 茶匙
香菜（末）	1 茶匙
紅辣椒（末）	1/2 茶匙
鹽	1/4 茶匙
黑胡椒	少許

麵衣

麵包粉	40 克
鮮奶	40ml
蛋液	1/2 顆

步驟

1 麵衣材料混合拌勻，加入玉米粒、蔥末、香菜末、紅辣椒末、鹽、黑胡椒等拌成麵糊。

2 取 2 湯匙份量麵糊，塑型成半球狀。

3 煎烤盤上噴油，放入 5～6 份半球形麵糊，輕壓成約 0.8 公分厚的餅狀，脆餅麵糊表面噴油。

4 氣炸鍋溫度 160 度 5 分鐘，再提高至 190 度 4 分鐘便完成，可沾醬料享用。

Tips

塑形前，手掌沾少許油可避免麵糊沾黏在手上。

・白花椰菜脆餅

材料（4 人份）

熟白花椰菜（末）	70 克
蒜（末）	1 茶匙
巴西里（末）	1 茶匙
鹽	1/8 茶匙
黑胡椒	少許
乾起司粉	1 茶匙

麵衣

麵包粉	40 克
鮮奶	40ml
蛋液	1/2 顆

步驟

1 先將白花椰菜取花蕊部位，並洗淨後煮熟至微軟，瀝乾水後再放入麵衣混合拌勻成麵糊。

2 麵糊再加上大蒜、巴西里（末）、鹽、黑胡椒、乾起司粉等拌成麵糊。

3 取 2 湯匙份量麵糊，塑型成半球狀。

4 煎烤盤上噴油，放入 5～6 份半球形麵糊，輕壓成約 0.8 公分厚的餅狀，脆餅麵糊表面噴油。

5 氣炸鍋溫度 160 度 5 分鐘，再提高至 190 度 4 分鐘便完成，可沾醬料享用。

炸鮮筍&羽衣甘藍脆片

把當季鮮嫩的竹筍簡單氣炸，
竹筍變更脆更甜了！
甜味被熱氣鎖住，
甜度真的更勝水煮呢。
羽衣甘藍灑點油，
炸完跟海苔一樣脆，
不知不覺吃進很多
超級食物的營養！氣炸蔬菜，
讓味覺及營養一起提升。

・炸鮮筍

材料（3 人份）

新鮮綠竹筍（去殼）	300 克
鹽	少許
油	少許

160℃ +180℃
7 分鐘 +4 分鐘
專用網籃

步驟

1 竹筍去殼，外皮削乾淨。切 3 X 1.5 公分塊。

2 竹筍塊放在專用網籃上，不重疊，竹筍表面噴油，氣炸鍋以 160 度烤 7 分鐘，再轉 180 度烤 4 分鐘。

3 完成後灑上少許鹽提味。

Tips

如用已煮熟的綠竹筍，可縮短氣炸時間。挑選綠竹筍時，以外殼略帶金黃色，筍身微彎像牛角，長度如手掌，尾部呈鮮白色，便是好筍。

・羽衣甘藍脆片

材料（3 人份）

羽衣甘藍	120 克
海鹽	1/4 茶匙
韓國麻油	1 茶匙

190℃
5 分鐘
專用網籃

步驟

1 羽衣甘藍洗淨瀝乾，摘除粗梗，將葉片撕成大塊。用廚房紙巾把葉片表面水分儘量吸乾。

2 羽衣甘藍分成 2～3 份，每份炸前均勻灑鹽及灑油，放進專用網籃，葉片不要重疊，蓋上防油網。

3 氣炸鍋設定 190 度 5 分鐘至完全酥脆。完成後取出，再放入第二批氣炸。

Tips

1. 羽衣甘藍重量非常輕，蓋上防油蓋可防止葉片被氣旋吹到頂部。
2. 油品可隨意選擇，呈現不同的香氣及風味。

190℃

7 分鐘

專用煎烤盤

鹹酥菇菇

一杯台幣 50 元的鹹酥杏鮑菇，酥酥脆脆很涮嘴。香菇、杏鮑菇、秀珍菇、鴻喜菇、雪白菇、金針菇，甚至草菇磨菇都可以裹粉氣炸，杏鮑菇像透炸鹹酥雞，金針菇裹粉炸完像煎餅，而且冷了還是脆的唷！

材料（4 人份）

金針菇	50 克
杏鮑菇	250 克
九層塔	適量
油	適量
胡椒鹽	少許
乾辣椒末	少許

醃料

香菇味高湯粉	1 茶匙

麵衣

雞蛋	2 顆
樹薯粉	1 杯
香菇味高湯粉	2 茶匙

步驟

1 杏鮑菇切塊，抹上醃料，醃 10 分鐘入味。金針菇省略醃料。

2 雞蛋打勻，加入 1 匙香菇味高湯粉拌勻。

3 樹薯粉加入 1 匙香菇味高湯粉混合成麵衣 。

4 將金針菇分成小束，先沾蛋液，再沾上麵衣。杏鮑菇同樣沾蛋液及麵衣。

5 金針菇及杏鮑菇平鋪在盤子上 10 分鐘反潮，接著正面背面噴油。

6 將金針菇放入專用煎烤盤上，不要重疊，每條金針菇稍為拉開。氣炸鍋設定 190 度 7 分鐘 。

7 把九層塔噴油，計時器倒數 1 分鐘時打開氣炸鍋，把九層塔壓在菇的下面。

8 完成聲音響起，打開氣炸鍋，取出金針菇及九層塔。接著放入杏鮑菇，重復＜步驟 6 ＞及＜步驟 7 ＞。

9 在炸好的菇上灑上少許胡椒鹽提味。喜歡辣可灑上乾辣椒末享用。

JJ 小食堂：菇類如何維持酥脆口感？

沾粉後的菇靜置後，菇上的水分及調味料慢慢透出麵衣外，讓裹粉呈現米黃色，可以增強麵衣的附著力，這又稱「反潮」，這時再氣炸時不會輕易脫粉，同時避免炸完出現白色粉狀。

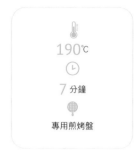

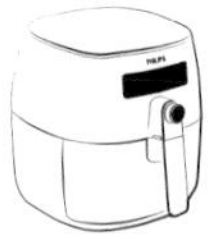

氣炸鍋零失敗 3
90 道溫控料理大晉級
——炸煎烤烘・低溫烹調 & 油封・一鍋 2 菜輕鬆煮

作者／JJ5 色廚 (張智櫻)、超馬先生 (陳錫品)、宿舍廚神 (陳依凡)
攝影／JJ5 色廚（張智櫻）
美術編輯／廖又頤、招財貓
文字 & 執行編輯／李寶怡
企畫選書人／賈俊國

總編輯／賈俊國
副總編輯／蘇士尹
編輯／高懿萩
行銷企畫／張莉滎、蕭羽猜

發行人／何飛鵬
出版／布克文化出版事業部
台北市民生東路二段 141 號 8 樓
電話：02-2500-7008
傳真：02-2502-7676
Email：sbooker.service@cite.com.tw

發行／英屬蓋曼群島商家庭傳媒股份有限公司城邦分公司
台北市中山區民生東路二段 141 號 2 樓
書虫客服服務專線：02-25007718；25007719
24 **小時傳真專線**：02-25001990；25001991
劃撥帳號：19863813；**戶名**：書虫股份有限公司
讀者服務信箱：service@readingclub.com.tw

香港發行所／城邦（香港）出版集團有限公司
香港灣仔駱克道 193 號東超商業中心 1 樓
電話：+86-2508-6231　**傳真**：+86-2578-9337
Email：hkcite@biznetvigator.com
馬新發行所／城邦（馬新）出版集團 Cité (M) Sdn.
Bhd.41, Jalan Radin Anum, Bandar Baru Sri Petaing, 57000 Kuala Lumpur, Malaysia
電話：+603- 9057 -8822
傳真：+603- 9057 -6622
Email：cite@cite.com.my
印刷／韋懋實業有限公司
初版／ 2020 年 8 月
定價／新台幣 380 元
ISBN ／ 978-986-5405-92-2

城邦讀書花園 www.cite.com.tw　布克文化 WWW.SBOOKER.COM.TW　PHILIPS